AF462018

NOUVEAUX CONSEILS

MORAUX ET AGRICOLES

Aux Cultivateurs Bretons.

NOUVEAUX CONSEILS

MORAUX ET AGRICOLES

AUX

CULTIVATEURS BRETONS.

> La Croix et la Charrue sont les emblêmes de la seule véritable civilisation, du seul vrai progrès social.
> Les nations qui les arboreront hautement, sur leurs drapeaux, vaincront par ces signes.

Par J.-L. BAHIER,

Agriculteur, Expert et Draineur, Secrétaire de la Commission de Statistique, Vice-Secrétaire du Comice agricole de S.-Brieuc.

LA RELIGION ET L'AGRICULTURE
SONT LES SEULES BASES SOLIDES DE LA SOCIÉTÉ.

SAINT-BRIEUC,

IMPRIMERIE DE L. PRUD'HOMME.

1860.

UN MOT

sur le double but de ce petit ouvrage.

> L'homme ne vit pas seulement de pain, mais de toute parole venant de la bouche de Dieu. (*Evangile selon Saint Mathieu*, *Chap.* 4.)

Mes chers Cultivateurs Bretons, ce petit livre a un double but : un but moral et un but agricole ; parce que j'ai compris que, suivant les paroles de l'Evangile, placées en tête de ces lignes, si l'homme a besoin, pour nourrir son corps, du pain matériel que produit la terre, il a aussi besoin du pain de la divine parole pour alimenter la vie de son âme. Vous rappeler quelques-uns de vos principaux devoirs envers Dieu, envers le prochain, envers vous-mêmes, tel est le but des Conseils moraux contenus dans la première Partie. Vous éclairer sur les questions d'économie rurale qu'il vous importe le plus de connaître, tel est le but des Conseils agricoles contenus dans la seconde Partie.

Pourquoi, diront peut-être quelques-uns d'entre vous, venir nous faire des sermons à propos d'agriculture ? Est-ce que nous n'avons pas nos prêtres pour nous instruire de nos devoirs ? Pourquoi vos conseils moraux ne s'adressent-ils qu'aux cultivateurs ? Est-ce que vous pensez, par hasard, que les gens de ville valent mieux que nous ? — Je commence par répondre à la seconde de vos observations. Si ces conseils moraux ne s'adressent qu'aux cultivateurs, c'est qu'ils se trouvent dans un livre spécialement fait pour eux ; mais cela ne signifie nullement que je pense que les gens de ville n'en ont pas besoin et que je les crois meilleurs que vous. Je sais, au contraire, qu'ils ont leurs défauts comme les cultivateurs ont les leurs, et qu'ils ont même des vices que vous n'avez pas ; et, si je voulais leur donner des conseils, je ferais un livre pour eux. Je sais bien, mes chers amis, que vos vénérables et vigilants Pasteurs vous instruisent de vos devoirs avec toute la sollicitude possible et avec un talent et une autorité que je n'ai pas, moi, qui n'ai ni mission, ni grâce spéciale pour cela; aussi, je ne viens point empiéter sur leurs droits, sur leurs fonctions; je ne me permets de traiter qu'un très-petit nombre de questions de morale, que je crois du ressort de tout le monde, et encore je ne les traite qu'à un point de vue tout spécial auquel on n'a pas coutume de les envisager. J'ai pensé que les bonnes choses ne peuvent être trop rappelées; puis, voyez-vous, mes amis, les conseils du Pasteur s'oublient quelquefois; ils s'oublient d'autant plus facilement qu'ils sont plus en opposition avec certains goûts, certains penchants, et il n'est pas toujours là pour les rappeler. Ne peut-il pas être bon, à certain moment, d'avoir là, sous la main, un livre qui puisse nous en rafraîchir la mémoire? ne peut-il pas être utile aussi, quelquefois, tout en cherchant la solution d'une question d'agriculture, de trouver une vérité morale, oubliée peut-être depuis bien longtemps? Puis enfin, mes chers cultivateurs, pour vous dire le fin mot de la chose, si, comme le fabuliste et le conteur, qui cachent l'aridité de la morale sous l'attrait de la fiction, j'ai pu faire en sorte que les conseils agricoles servent de passeport aux conseils moraux et les fassent lire, goûter et pratiquer quelque peu, n'aurai-je pas obtenu un bon résultat ?

Enfin, mes amis, j'étais bien aise aussi d'opposer un livre honnête à ce torrent de mauvais livres, de journaux impies, à ces chansons immorales, que les ennemis de l'ordre, de la société et de la religion font pénétrer jusqu'au fond de vos campagnes. Je tenais à placer sous la main de ceux qu'une dangereuse curiosité ou d'autres motifs plus coupables, ont poussé à les lire, le remède à côté du mal, le contre-poison à côté du poison. Dans un temps où l'on cherche à corrompre le peuple par les doctrines les plus impies, où on ne lui parle que de jouissances matérielles, où la plupart des gens ne songent qu'à amasser promptement du bien, où l'argent est tout, n'est-il pas du devoir de tout homme de cœur, de tout chrétien, écrivant pour le public, de faire tous ses efforts pour rappeler aux hommes, dont les idées, plongées dans la fange de la matière, ne peuvent plus s'élever à la hauteur d'une pensée morale, leurs destinées éternelles, leurs devoirs envers eux-mêmes et envers les autres hommes ?

Pour ce qui est des questions d'économie rurale, contenues dans la seconde Partie, elles sont pour vous, en ce moment, de la plus haute importance ; car, d'ici à peu de temps, mes chers cultivateurs bretons, vous aurez à soutenir une double concurrence : 1° celle que viendront vous faire, quand la Bretagne sera mieux connue, les cultivateurs des autres contrées, qui, étant plus habiles et plus riches en capitaux que vous, offriront de vos terres des fermages plus élevés que ceux que vous payez, parce qu'ils pourront les faire produire plus que vous ne pouvez le faire ; 2° la concurrence que vous feront un jour les produits de la culture des autres pays, qui, élevés à meilleur marché que les vôtres, se vendront bien moins cher.

Vous savez, cultivateurs bretons que, depuis bientôt trente ans, ma vie a été employée à vous montrer la route du progrès : vous ne m'y avez pas tous suivis, j'en conviens ; mais enfin, il en est quelques-uns parmi vous qui ont commencé à marcher. Ils marchent lentement, cela est vrai ; ils tâtonnent encore, parce qu'ils ne sont pas suffisamment éclairés ; mais, enfin, ils ont fait les premiers pas, ceux qui coûtent le plus. La lumière se fait de plus en plus autour d'eux, et ils finiront par avancer plus vite.

Ceux d'entre vous qui me connaissent personnellement, savent que rien ne m'arrête quand il s'agit du progrès agricole ; ils connaissent les services que j'ai rendus. Je crois que ceux qui ne me connaissent que par la lecture de mes ouvrages, ne peuvent pas non plus douter de mon dévouement. Je crois donc pouvoir assez compter sur votre confiance à tous, pour espérer que vous lirez ce petit livre et que vous vous efforcerez de mettre en pratique les conseils moraux et les conseils agricoles qu'il contient, parce que vous reconnaîtrez qu'ils sont tous dans votre intérêt bien entendu.

Si ce petit ouvrage peut produire quelque bien parmi vous, j'aurai atteint le seul but que je me suis proposé en l'écrivant, celui de vous être utile.

INTRODUCTION.

> Le gouvernement moral d'une exploitation agricole exige des qualités morales très-élevées, des connaissances variées et des talents très-distingués, dit un Auteur ancien.

On se fait difficilement dans le monde une juste idée de toutes les qualités, de tous les talents, de toutes les connaissances, de toutes les ressources d'esprit que doit posséder un cultivateur qui veut être à la hauteur de sa noble profession et y réussir. Les qualités essentielles à un cultivateur se divisent en deux classes : les qualités morales et les qualités physiques ou matérielles. Nous allons énumérer les principales. Ce sont, dans l'ordre moral, la connaissance complète de ses devoirs avec la ferme volonté de les remplir ; la probité, la franchise, la sobriété, la charité ; puis l'ordre, l'économie, la prudence, la prévoyance, la fermeté, l'activité, l'esprit d'observation, une instruction primaire convenable, et des connaissances agricoles, théoriques et pratiques, suffisantes ; un esprit d'entreprise assez hardi pour permettre l'essai des innovations utiles et en même temps assez réfléchi et assez prudent pour ne pas aller trop loin et ne rien laisser au hasard. Il faut que le cultivateur possède toutes ces qualités à un degré bien plus élevé que les industriels, parce que ceux-ci opèrent presque toujours dans des conditions connues à l'avance, tandis que le cultivateur, obligé de lutter contre les variations des saisons, les intempéries du climat, les variétés du sol, et contre une infinité de difficultés qui surgissent inopinément, se trouve presque continuellement en face de l'inconnu : il faut donc qu'il soit doué d'une grande perspicacité pour parer à tous les événements imprévus. Uu cultivateur habile combine et calcule sans cesse, et quelquefois avec un talent, une habileté et une justesse de vues qui étonnent, même ceux qui peuvent le comprendre.

Si les cultivateurs joignent à toutes les qualités morales que je viens d'indiquer, la politesse, la bonne tenue et le savoir-vivre, ils n'en seront que plus considérés. Les cultivateurs doivent aussi savoir apprécier les hommes, les employer suivant leur capacité, et s'en faire obéir.

Quant aux qualités physiques, les principales sont: une santé robuste et à toute épreuve de la fatigue; une certaine dextérité, qui les mette à même de pouvoir, au besoin, montrer comment il faut faire le travail qu'ils commandent; puis, enfin, posséder un capital d'exploitation suffisant.

Les cultivateurs ont aussi très-souvent à faire acte d'abnégation; ils sont quelquefois obligés de se priver de certaines jouissances permises, mais qu'on ne peut se procurer à la campagne qu'à grands frais, et souvent en retranchant sur le nécessaire ou au détriment de la bonne administration.

NOUVEAUX

CONSEILS MORAUX ET AGRICOLES

AUX CULTIVATEURS BRETONS.

PREMIÈRE PARTIE.

CONSEILS MORAUX.

CHAPITRE Ier.

Excellence de l'Agriculture.— Considération dont elle jouit.— Ceux qui la quittent pour venir chercher fortune dans les villes, s'exposent à bien des déceptions.

Ah ! loin des fiers combats, loin d'un luxe imposteur,
Heureux l'homme des champs, s'il connaît son bonheur.

Pour réussir dans une profession, pour s'y distinguer, il faut l'aimer, la respecter, la connaître parfaitement, tant sous le rapport théorique que sous le rapport pratique ; il faut se tenir au courant de tous les perfectionnements qu'elle reçoit, et ne jamais rester en arrière du progrès. Si cela est vrai pour toutes les professions, combien, à plus forte raison, cela doit-il l'être pour l'agriculture, qui est la première, la plus utile, la plus noble, la plus morale, la plus indépendante de toutes les professions ?

Je dis d'abord que l'agriculture est la plus utile de toutes les professions. N'est-ce pas elle, en effet, qui produit, pour l'homme, la nourriture, le vêtement, le chauffage, et autres denrées de nécessité tellement absolue, que, sans elles, la vie serait impossible; n'est-ce pas elle encore qui nous fournit ces fruits savoureux, ces vins généreux qui réjouissent le cœur de l'homme, et une foule d'autres produits qui sont pour nous une source de douces jouissances? C'est donc la profession indispensable.

Je dis, en second lieu, que l'agriculture est la première de toutes les industries. N'est-ce pas elle, en effet, qui produit presque toutes les matières premières, que les autres ne font que mettre en œuvre? Tout le monde s'accorde pour la reconnaître comme la seule industrie vraiment productrice, comme la source de la richesse des nations, comme la base la plus solide de la prospérité des peuples, comme le plus ferme appui de la stabilité des gouvernements; d'où je conclus, qu'elle est la première des industries.

J'ai dit, en troisième lieu, que l'agriculture est une noble profession. Elle a joui, en effet, dans tous les temps et chez tous les peuples civilisés, de la plus haute considération. Partout on l'a regardée comme la profession par excellence : les plus grands hommes de l'antiquité se sont fait honneur de l'exercer. Si, en France, elle a été regardée, par certaines gens, comme une profession mercenaire, c'est que les cultivateurs n'avaient pas su se maintenir à sa hauteur; c'est que, généralement parlant, on pouvait dire qu'elle était tombée entre les mains des ignorants. Heureusement, nous n'en sommes plus là : l'agriculture est redevenue une profession de plus en plus élevée, depuis que, sortant des bornes étroites dans lesquelles la retenait la routine, elle emprunte le concours de presque toutes les sciences. En effet, la mécanique, la physique, la chimie, l'histoire naturelle, et toutes les sciences qui en font partie, telles que la botanique, la zootechnie, la géologie, etc., l'astronomie elle-même ; en un mot, presque toutes les sciences peuvent y trouver de larges applications ; aussi les hommes les plus éminents par leur mérite, leur science, leurs talents, leur fortune, leur position sociale, s'honorent maintenant du titre d'agriculteurs. Nos hommes d'Etat les plus éminents veulent faire partie de nos modestes associations agricoles. Nous voyons souvent des hommes placés dans les plus hauts rangs de la société, prendre part aux fêtes de nos comices cantonaux. Que d'hommes, fatigués des grandeurs et des déceptions de la vie publique, viennent lui demander le calme et la paix ! Oui, c'est une noble profession que l'agriculture, qui mettant continuellement l'homme en lutte contre les éléments, contre les intempéries des saisons, contre les obstacles du sol, le force à développer toute son énergie, à déployer toutes les ressources de son imagination et de son esprit pour vaincre les difficultés que la nature lui présente à chaque instant. Aussi c'est bien la profession par excellence pour préparer les hommes au rude métier de la guerre.

C'est surtout aux laboureurs que le Seigneur a dit : *Tu mangeras ton pain à la sueur de ton front;* mais il leur a dit aussi : *Aide-toi, et le Ciel t'aidera.* En effet, il les a aidés, et, par les applications des sciences, il leur a donné les moyens de vaincre la nature. L'agriculture oppose l'irrigation à l'aridité du sol et à l'ardeur du climat ; le drainage, à l'excès d'humidité. Bientôt aucun sol, quelle que soit sa force et sa ténacité, ne résistera à la charrue et à la défonceuse à vapeur ; de puissants moteurs remplacent les bras de l'homme pour les plus rudes travaux. La science a fourni à l'agriculture les moyens de suppléer, par des engrais artificiels, les fumiers et autres engrais naturels, qui ne suffisaient ni pour maintenir la fertilité du sol cultivé, sans cesse diminuée par une production toujours croissante, ni pour étendre les cultures sur les terres incultes. L'art d'améliorer et de multiplier la production végétale fait tous les jours de nouveaux progrès. Bien plus, des agriculteurs de génie en sont venus à façonner en quelque sorte les animaux, suivant la nature des produits qu'ils veulent en obtenir.

Est-il une profession plus morale que l'agriculture, qui met sans cesse l'homme en présence des merveilles de la nature ; qui lui montre, à chaque instant, les bontés infinies de la divine Providence, dont il devient, en quelque sorte, le collaborateur ? est-il une profession plus propre à élever le cœur de l'homme vers Dieu ? est-il une profession qui permette moins le développement des mauvaises passions, que celle qui demande l'emploi continuel de toutes les facultés morales et physiques de l'homme ? Enfin, l'agriculture n'excite point dans les cœurs ces désirs insatiables et effrénés des richesses, cette soif inextinguible de luxe et de jouissances matérielles qui existe dans toutes les autres professions ; elle ne connaît pas ces tristes divisions politiques qui séparent tant d'hommes de cœur. Dans ses réunions privées, comme dans ses fêtes publiques, elle fait asseoir sur le même banc des hommes que leurs opinions politiques, leur rang, leur fortune, leur position sociale, semblaient devoir séparer à tout jamais : elle les place sur un terrain neutre, où ils sont heureux de se rencontrer. C'est bien d'elle qu'on peut dire, qu'elle fait disparaître les distances sociales. L'agriculture ne cherche point, comme l'agiotage et quelques autres industries, à enrichir quelques hommes au détriment de la nation : tous ses efforts tendent au bien général ; elle n'a en vue que l'intérêt et la prospérité de tout le monde. On voit aussi, très-rarement, les agriculteurs prendre part aux mouvements révolutionnaires qui se manifestent, trop souvent, dans nos grandes villes. D'après cela, on peut dire, avec certitude, qu'il n'est pas de profession plus morale que l'agriculture.

L'agriculture est une profession indépendante. L'agriculteur peut, quand cela lui convient, se tenir en dehors des événements politiques. S'il est honorable et habile, s'il possède un capital suffisant, il trouvera toujours des terres à cultiver ; s'il présente sur le marché de bons produits, il n'aura pas besoin de protection pour les vendre. Il est donc parfaitement indépendant.

Enfin, l'agriculture est une industrie lucrative. Oui la profession agricole, exercée dans des conditions convenables de savoir, de connaissances pratiques et de capitaux, peut faire gagner de l'argent à celui qui s'y livre. Si elle ne fait pas faire des fortunes rapides et brillantes, comme certaines industries commerciales, elle n'expose pas non plus à tant de chances de ruine, et les bénéfices qu'elle procure ne font couler les larmes de personne ; ils tournent, au contraire, à l'avantage de tous.

Les rapports sur les primes d'honneur de nos concours régionaux nous font connaître bien des propriétaires, et même des fermiers, qui ont considérablement augmenté leur fortune en cultivant. Nous citerons quelques exemples, empruntés à la Bretagne : Le lauréat de la prime d'honneur des Côtes-du-Nord a doublé sa fortune par l'agriculture. Je connais un propriétaire, dans le Finistère, qui a établi cinq fermes de mille francs sur une propriété qui valait douze cents francs quand il commença à l'exploiter par lui-même ; après l'avoir cultivée, avec bénéfice, pendant une douzaine d'années, il l'a louée cinq mille francs. Le lauréat de la prime d'honneur de la Loire-Inférieure a, par son habile direction et ses avances de capitaux bien entendues, amené ses fermiers à moitié à faire produire à leurs fermes dix fois plus qu'elles ne produisaient quand ils y entrèrent. Il ne me serait pas difficile de citer plusieurs cultivateurs-fermiers qui se sont enrichis en cultivant, malgré leur mauvais système de culture.

Voilà, mes chers cultivateurs, ce qu'est votre profession ; il ne dépend donc que de vous, de vous placer au premier rang parmi les travailleurs.

Comment se fait-il donc qu'un certain nombre de jeunes gens, fils de nos riches cultivateurs, qui viennent à la ville pour y compléter leur instruction, éprouvent tant de dégoûts pour une profession aussi honorable, et semblent-ils la regarder comme au-dessous d'eux ? Cela vient principalement de ce que l'éducation de ces pauvres jeunes gens a été faussée : ils ont été placés sous la direction d'instituteurs étrangers aux choses agricoles, qui loin de leur faire comprendre l'excellence et la dignité de la profession d'agriculteur, la leur ont fait envisager comme un métier mercenaire, peu digne d'hommes de génie comme eux. Ces jeunes gens n'auraient jamais songé à abandonner l'agriculture, si l'on avait fait marcher de pair, dans l'école communale, l'enseignement agricole et l'enseignement primaire, et si le complément d'éducation avait été donné dans une ferme-école chrétiennement et habilement dirigée ; ils n'auraient point contracté ces habitudes molles et oisives qui dégoûtent du travail manuel; ils auraient compris que l'agriculture peut donner à un homme instruit le moyen de faire un emploi honorable et utile de ses connaissances, et d'en acquérir continuellement de nouvelles.

Pauvres jeunes gens ! ils cherchent une vie moins laborieuse, un bien-être matériel plus facile, et, pour courir après ces chimères, ils abandonnent une position toute faite, où ils trouveraient considération et profit. Ah ! s'ils savaient à combien de chagrins et de déceptions ils s'exposent en quittant la ferme paternelle ! Que de pauvres jeunes gens qui ont dédaigné la charrue pour venir chercher fortune à la ville, n'y ont trouvé que la gêne, souvent la misère, quelquefois même le désespoir et la honte.

Toutes les carrières sont tellement encombrées, qu'il faut être des hommes supérieurs pour parvenir. Sur dix jeunes gens qui veulent sortir de leur position, il n'en est quelquefois pas deux qui réussissent. Il ne suffit pas même, pour parvenir, d'avoir du mérite : pour arriver à une position, il faut encore des protections. Pour les obtenir ces protections, à combien de démarches contraires à ses goûts, à ses idées, ne faut-il pas se soumettre ? Qu'il y a loin de tout cela à la noble indépendance de la position honorable de l'agriculteur qui sait se mettre au niveau de sa profession. Il peut même arriver aux honneurs, s'il veut se mettre à même, par ses connaissances, de concourir au progrès : on voit quelquefois, en France, la croix de la Légion-d'Honneur sur la veste de bure ou sur la blouse du cultivateur.

Ainsi donc, jeunes cultivateurs bretons, soyez fiers de la profession de vos pères; honorez-la, respectez-la, exercez-la avec intelligence, et vous y trouverez au moins contentement et aisance, souvent richesse et honneur. Soyez convaincus de ce principe, qu'il vaut mieux, mille fois, marcher au premier rang des paysans, que de se traîner dans la fange des villes, à la suite des messieurs de bas étage.

Citons maintenant quelques exemples à l'appui de ce qui vient d'être dit :

En 1834, les deux frères Douarlan, fils d'un cultivateur aisé de la partie des Côtes-du-Nord connue sous le nom de Cornouaille, suivaient avec succès les cours de l'école primaire de leur commune, et étaient arrivés à la dernière limite de l'enseignement de cette école. Leur père leur demanda alors ce qu'ils voulaient faire. Pour moi, dit l'aîné, nommé Yvon, qui avait toujours montré un goût décidé pour la vie de campagne, je désire passer un an dans une école primaire supérieure, afin de me préparer à subir l'examen pour entrer à la ferme-école, où je passerai les trois années voulues; puis, je reviendrai ici, vous aider à faire marcher la ferme. Pour moi, dit le second, enfant présomptueux et toujours un peu gâté par sa mère, je veux aller au collége; je ne sais pas ce que je ferai ensuite, mais j'y songerai en faisant mes classes. — Tu as raison, Jean, lui dit sa mère, et je pense que ton père ne s'y opposera pas. — Non certainement, dit le père; Jean ira au collége, puisqu'il le désire. Puisse-t-il n'avoir pas à regretter un jour, la vie paisible qu'on mène ici! Quant à toi, Yvon, puisque tu ne rougis pas d'exercer la profession de ton père, tu iras à la ferme-école. Quoique je ne sois pas bien convaincu de toutes les merveilles qu'on raconte des nouvelles méthodes de cultures, je crois qu'elles ont du bon, qu'on peut y apprendre quelque chose, et qu'en définitive on peut mieux faire que ce que nous faisons.

A la fin des vacances, nos deux jeunes gens partirent pour la ville, et chacun suivit sa carrière. Yvon entra à la ferme-école, et, au bout de trois ans, il en sortit avec la prime d'honneur. En rentrant à la ferme, il dit à son père : J'ai fait tout ce que j'ai pu pour m'instruire ; mais ce que je sais de mieux, c'est que ce que j'ai appris est fort peu de chose auprès de ce qui me reste à apprendre ; l'expérience pratique ne vient qu'à la longue. Pour cette partie de mon instruction, vous serez mon maître. Cette manière de parler plut beaucoup au père Douarlan : il permit à son fils d'essayer les nouvelles méthodes de culture. Cet essai ayant réussi, et le jeune homme méritant de plus en plus sa confiance, par son assiduité au travail, sa capacité, et aussi par l'attention qu'il mettait à ne pas heurter ses idées et à ménager sa susceptibilité, bientôt Yvon eut la direction de la ferme, qui, au bout de dix ans, n'était plus reconnaissable. Alors, toutes les terres étaient drainées, les prairies irriguées ; la culture en planche avait remplacé les petits billons ; les instruments perfectionnés étaient employés ; un assolement alterne, bien combiné, avait remplacé l'assolement triennal ; le bétail, bien choisi et bien approprié au but qu'on se proposait, avait doublé en nombre et considérablement gagné en qualité ; en un mot, toute trace de culture routinière avait disparu, et le revenu de la ferme était triplé. Bientôt un heureux mariage avec la fille d'un riche cultivateur voisin vint doubler l'étendue des terres, et Yvon se trouva à la tête d'une des plus belles fermes du pays. Il est maintement président du comice agricole de son canton, maire de sa commune et membre du conseil général. Le voilà donc devenu Monsieur par la force des choses, et sans l'avoir cherché. Comme il rend service au pays, il arrivera nécessairement aux distinctions honorifiques, et obtiendra la prime d'honneur du concours régional.

Revenons à Jean. Au commencement de ses classes, Jean obtint quelques succès faciles, qui augmentèrent encore sa présomption ; mais, lorsqu'il arriva dans les hautes classes, il alla toujours en déclinant. Ce n'est pas qu'il manquât d'intelligence, mais il manquait de bonne volonté : il n'avait ni courage, ni énergie pour surmonter les difficultés. Enfin, lorsqu'il arriva à la fin de son cours, il était un très-médiocre élève. Infatué de son prétendu mérite, il se présenta pour subir l'examen de bachelier : il échoua. Il chercha à entrer dans les administrations publiques, et il éprouva de nouveaux échecs. Ne sachant plus où donner de la tête, il entra dans une étude de notaire, où il fit la connaissance de jeunes gens peu laborieux, qui l'entraînèrent dans des dépenses qui l'obligèrent à contracter des dettes. Son père, auquel il fut forcé de faire connaître sa position, voulut bien payer ; mais il lui déclara positivement qu'il ne payerait pas une seconde fois. Le malheureux Jean, arrivé à la fin de son stage, avait si peu travaillé, qu'il comprit bien qu'il n'était pas en état de subir l'examen de notaire ; d'un autre côté, il savait bien que la vie dissipée qu'il avait menée était peu propre à lui mériter la confiance publique. En conséquence, il se décida à partir pour Paris, avec l'intention de tâcher de trouver de l'emploi dans une étude, ou, faute de mieux, d'entrer dans une maison de commerce. Ayant rencontré à Paris quelques-uns de ses anciens camarades, qui, comme lui, étaient en recherches d'emplois, il commença par s'amuser, et ce ne fut que quand il s'aperçut que sa bourse était bientôt vide, qu'il en vint à songer à chercher où se caser. Enfin, grâce aux recommandations d'un député de son pays, il finit par trouver une place chez un notaire, aux appointements de soixante francs par mois, avec promesse d'avancement si l'on était content de lui plus tard. Cela, et ce que lui envoyait son père, aurait suffi pour faire vivre convenablement un garçon sage et rangé ; mais tel n'était pas le pauvre Jean : ses mauvaises connaissances l'entraînèrent de plus en plus dans le désordre. Bientôt il se jeta dans le parti des mécontents, des hommes incompris ; de là aux sociétés démocratiques, il n'y avait qu'un pas : il le fit. Sur ces entrefaites arrivèrent les tristes événements de Février 1848, auxquels il prit une grand part. Il crut alors le moment arrivé pour lui d'être quelque chose ; mais il s'aperçut bientôt qu'il avait derrière lui des gens qui se tenaient à l'écart pendant l'action, mais qui savaient très-bien garder pour eux les bons emplois. Notre pauvre garçon, tout-à-fait déçu dans son espoir, exaspéré par son insuccès et poussé par les mauvais conseils, prit part à toutes les émeutes qui troublèrent alors la capitale, et les fatales journées de Juin le virent de nouveau sur les barricades, où il trouva le triste dénouement de sa vie agitée. Blessé dangereusement, il fut ramassé par une de ces troupes d'hommes charitables qui parcourent les rues après le combat pour secourir les malheureuses victimes : il fut transporté à l'Hôtel-Dieu. Là, gisant sur un douloureux grabat, il se sentait mourir, loin de sa famille, sans amis ; je me trompe ! il avait là des amis, et des plus généreux, dans les aumôniers et les saintes religieuses qui donnèrent alors tant de preuves de leur dévouement. Au milieu de tous ses égarements, il n'avait pas perdu la foi ; aussi, dès les premières paroles de consolation qui lui furent adressées par la bonne religieuse et par l'aumônier de la salle où il était, il sentit se reveiller en lui les sentiments religieux que lui avait inspirés sa bonne mère, et il pria l'aumônier de le confesser. Cette confession terminée, il disait à la bonne sœur : « Ah ! si j'avais suivi la même carrière que mon frère, je ne serais pas ici. Il vit heureux et considéré, entouré de sa femme et de ses enfants ; il est la joie et la consolation de nos chers parents, dont il n'a pas dédaigné la profession, et moi je suis leur désolation, et je serais peut-être leur honte, si je vivais après ce qui s'est passé. » Le lendemain, son état ayant empiré, il reçut les derniers sacrements avec foi et repentir. Il pria le bon aumônier de faire savoir à ses parents qu'il était mort en chrétien, ce qui adoucirait leur douleur. Telle fut la fin de ce pauvre malheureux, qui avait voulu abandonner l'agriculture pour la ville ; fin que j'appellerais déplorable, si elle n'avait été chrétienne.

Je pourrais citer encore l'exemple d'un autre jeune homme qui voulut aussi quitter la vie des champs pour la ville. Celui-là était un garçon de mérite, excellent travailleur : il avait engagé son petit patrimoine pour faire ses études. N'ayant plus, à la fin de ses classes, le moyen d'aller étudier le droit ou la médecine, il chercha à entrer dans les administrations publiques ; mais, n'ayant pas de protections, il ne put arriver à rien. Après avoir végété plusieurs années dans une étude de notaire, il a été trop heureux de pouvoir acheter, à crédit, une charge d'huissier, qu'il a payée peu à peu. Il vit avec sa famille ; mais il n'a tout juste que ce qu'il lui faut.

Je crois en avoir dit assez, pour convaincre les jeunes gens qui me liront de l'excellence de l'agriculture et des nombreux inconvénients auxquels on s'expose en la quittant. Mais ce n'est pas le tout de vouloir rester cultivateur : il faut vouloir être un cultivateur éclairé ; si l'on veut réussir, il faut s'instruire et avoir une ferme volonté de marcher dans la voie du progrès.

CHAPITRE II.

De l'Instruction et de l'Education.

Le savoir a son prix.
Heureux le sage instruit des lois de la nature.

Oui, mes chers cultivateurs, quoi que vous en disiez, s'il est une profession où le savoir ait son prix, c'est bien la vôtre. Mais il ne faut pas conclure de ce que j'ai dit que l'agriculture empruntait le concours de toutes les sciences, qu'il faut qu'un cultivateur les possède toutes. Ce n'est pas là ce que j'ai voulu dire ; car j'aurais demandé l'impossible. Vous verrez bientôt, mes chers amis, que je ne suis pas, à beaucoup près, aussi exigeant. Il y a, en agriculture, trois parties bien distinctes : la science, l'art et le métier.

La science est le privilége d'un petit nombre d'hommes dévoués, qui étudient la nature et font des découvertes, des inventions, que l'art expérimente, et que le métier met en pratique. L'art est la part des grands propriétaires, des hommes qui dirigent de grandes exploitations. Pour vous, cultivateurs bretons, votre lot, c'est le métier. Ce qui n'empêchera pas ceux d'entre vous qui se sentiront aptes, de s'élever jusqu'à l'art, même jusqu'à la science. C'est seulement des conditions de savoir qu'il faut réunir pour exercer convenablement le métier, dont je me propose de vous entretenir ici. Vous savez, comme moi, mes amis, que la première condition pour exercer un métier quelconque, c'est de le bien savoir, et aussi de se tenir au courant des perfectionnements qui y sont apportés. Eh bien! cultivateurs bretons, permettez-moi de vous demander si vous savez bien votre métier. N'avez-vous pas vous-mêmes admis ce proverbe : *Jamais laboureur n'a su son état?* N'avez-vous pas voulu dire par là que le laboureur avait toujours quelque chose à apprendre? C'est tout justement ce que je viens vous dire aujourd'hui. Ce qui fait que toutes les autres industries ont bien plus progressé que l'agriculture, c'est qu'elles ont eu des chefs d'établissements éclairés et habiles, des chefs d'ateliers intelligents et instruits, et des ouvriers très-capables. Chez nous, tout cela a manqué à l'agriculture; c'est pour qu'il n'en soit plus ainsi, mes chers amis, que je viens vous parler de votre instruction et de votre éducation.

On confond généralement, dans le langage ordinaire, les mots éducation et instruction; ce sont cependant deux choses différentes, ou plutôt, ce sont les deux parties d'un tout. L'instruction, c'est le savoir, c'est la science; c'est ce qu'on apprend dans nos divers établissements d'enseignement. L'éducation, c'est la partie morale de l'enseignement; c'est la science du devoir. C'est l'éducation qui nous apprend nos devoirs envers Dieu, envers nous-mêmes, envers la société; c'est elle qui nous fait connaître de quelle manière nous devons les remplir, ces devoirs, et qui nous indique les moyens d'y parvenir.

Je n'ai pas besoin de vous dire, à vous cultivateurs bretons, que la seule base solide d'une éducation, c'est la religion. Non pas cette religion étroite et à courte vue, que certains d'entre vous font consister dans des pratiques plus ou moins éclairées, quelquefois même superstitieuses : non pas cette religion facile, qui consiste à faire ce qui nous convient, et à laisser de côté tout ce qui nous gêne ou nous contrarie ; mais cette religion qui consiste dans l'accomplissement de tous nos devoirs ; celle, en un mot, que nous enseigne l'Eglise catholique, apostolique et romaine. Je ne m'étendrai pas davantage sur la partie religieuse de l'éducation, dont ceux qui ont mission pour cela vous parleront bien mieux et avec bien plus d'autorité que moi. Voici donc quels sont les principaux points sur lesquels doivent spécialement porter vos études. Il va sans dire que vous devez avoir une instruction primaire suffisante, consistant dans la lecture, l'écriture, le calcul, le système des poids et mesures métriques ; quelques notions de grammaire, pour que l'on puisse comprendre ce que vous écrivez. Si vous joignez à cela des notions de géométrie pratique par l'arpentage, le cubage et le nivellement, cela suffira pour votre instruction primaire. Cependant, un peu de géographie, d'histoire sainte et d'histoire de France ne seraient pas de trop.

En ce qui concerne votre instruction agricole, vous devez d'abord acquérir des connaissances pratiques ; non pas cette pratique routinière qui n'existe encore que trop parmi vous, mais cette pratique éclairée qui est le commencement du progrès. A ces connaissances pratiques, il faut joindre les notions théoriques suffisantes, pour que vous puissiez comprendre vos travaux, vous en rendre compte et les raisonner, au besoin ; pour que vous puissiez apprécier, avec connaissance de cause, les améliorations qu'on pourrait vous présenter. Ce ne sont pas les théories savantes qu'il vous faut, à vous, mes chers amis ; je vous l'ai dit en commençant ce chapitre, la science n'est pas votre lot. La théorie qu'il vous faut, c'est, par-dessus tout, la connaissance des faits recueillis par les observateurs. Ainsi, par exemple, il est plus important pour vous, quand il s'agit de régler un assolement, de savoir que telle plante ne réussit pas après telle autre, que de savoir pourquoi elle ne réussit pas. Cela ne veut pas dire que vous ne devez pas étudier les explications simples, que la science peut maintenant donner, d'un grand nombre de faits dont la cause était inconnue auparavant. A ces connaissances agricoles, il faut joindre des notions de comptabilité, car elle est indispensable à la réussite d'une exploitation. Nous y reviendrons en parlant de l'ordre et de l'économie. Vous trouverez, mes bons amis, tout ce qui est nécessaire à l'instruction agricole d'un cultivateur breton, dans mes *Leçons d'agriculture*.

Un excellent moyen d'instruction, c'est de voir. Je ne vous conseillerai pas les voyages lointains ; mais je vous dirai que, quand il se fait, dans vos environs, quelque chose qui vaut la peine d'être vu, il faut aller le voir. Vous devez assister aux concours des comices voisins de chez vous. Quand le concours régional a lieu dans votre département ou dans un département voisin, il faut y aller. Il y a toujours beaucoup à apprendre dans ces solennités agricoles.

Il faut renoncer à toutes les pratiques routinières, et ne pas craindre qu'on se moque de vous. Quand j'ai commencé, dans les cantons de Saint-

Brieuc, à cultiver la carotte blanche pour nourrir les chevaux, tout le monde se moquait de moi; bien des plaisanteries furent faites sur mon compte et sur mes pauvres carottes; et maintenant tout le monde en veut, dans ces cantons, et leur culture gagne de plus en plus. Quand je vous parle de renoncer à la routine, n'allez pas croire que je veux que vous renonciez à tout ce qui est ancien, à tout ce qui se fait dans le pays. Il y a, dans la pratique agricole du pays, une foule d'excellentes choses, qui s'expliquent par la raison et par la science; celles-là, il faut bien se donner garde de les changer, car elles ont leur raison d'être. Les pratiques qu'il faut rejeter, ce sont celles qui ne sont pas basées sur le bon sens, ou qui ont été remplacées par quelque chose de meilleur. Ainsi, par exemple, on aurait tort de ne pas adopter les charrues perfectionnées, qui remplacent avec grand avantage la charrue du pays; mais on aurait tort de changer, sans essais, l'époque des semailles adoptée dans un pays, etc.

J'entends d'ici plusieurs des cultivateurs qui entendront parler de ce livre, ou de tout autre destiné à leur instruction, dire : Mon père et mon grand-père n'en savaient point si long, et ils ont passablement fait leurs affaires; ils nous ont laissé quelques sillons que nous avons pu conserver et que nous avons tâché d'augmenter. Cela est vrai, mes amis; mais qui vous dit que si votre père et votre grand-père avaient été plus instruits, ils ne vous auraient pas laissé plus de sillons? D'un autre côté, la ferme que votre père et votre grand-père affermaient mille francs, vous la payez, vous, deux mille, ou peut-être plus. Vous n'êtes plus dans les mêmes conditions qu'eux; et si vous ne faites pas produire à la terre plus qu'eux, vous serez bientôt au-dessous de vos affaires. Et sachez bien que vos terres augmenteront encore. Les cultivateurs des autres parties de la France, qui ne craignent pas de quitter leur pays pour aller où il y a plus d'argent à gagner, viendront en Bretagne vous faire concurrence, quand notre pays sera mieux connu.

Faut du savoir, pas trop n'en faut ;
L'excès en tout est un défaut.

Mes chers amis, on ne peut jamais trop savoir de bonnes choses ; mais il y a science et science, la science du bien et la science du mal. La première ne peut jamais être trop étendue ; tout ce que l'on apprend de la seconde est de trop. Méfiez-vous, par conséquent, de ces journaux, de ces livres qui déblatèrent contre le religion et la société ; de ces romans immoraux qui pénètrent malheureusement jusques dans nos campagnes. Il y a encore la demi-science, qui est une chose bien fâcheuse. Voyez ces demi-savants, qui ont tout effleuré sans avoir rien appris : ils se posent en docteurs ; ils parlent de tout, jugent tout, tranchent toutes les questions ; ce sont de grands personnages, à leurs yeux, et à ceux des sots et des niais qui les écoutent pérorer dans les cabarets.

Les jeunes gens qui se destinent à l'agriculture ont besoin de tout leur temps pour s'instruire dans leur état ; ils ne doivent donc point chercher à apprendre des choses qui ne leur seraient pas utiles, ou qu'ils ne pourraient pas apprendre à fond. Il ne faut pas imiter certain cultivateur de ma connaissance, qui passe à lire le code civil un temps qui serait mieux employé à lire un bon livre d'agriculture ; ce savant docteur en droit se permet même de l'interpréter, ce qui pourrait induire en erreur les gens qui seraient assez niais pour consulter cet avocat de campagne. Il y en a beaucoup d'avocats de campagne ; ces gens-là sont cause de bien des procès : méfiez-vous de leurs consultations.

Mieux vaut savoir peu et savoir bien, que de savoir beaucoup et savoir mal ou à demi.

Je ne prétends pas, mes amis, que vous ne deviez lire que des livres d'agriculture. L'esprit a besoin de se récréer. Il est bon aussi d'être au courant de ce qui concerne les affaires générales du pays : pour cela, il y a de bons livres et de bons journaux. Quand vous voudrez faire un choix, adressez-vous à votre curé, ou à toute autre personne sage et expérimentée.

Un mot maintenant sur l'éducation. Je ne puis vous parler que de vos rapports avec la société. Dans vos rapports avec les autres hommes, soyez toujours bienveillants, charitables, polis ; aimez à rendre service ; faites l'aumône non par crainte, mais par charité. Les autres points de l'éducation seront traités dans les chapitres suivants. Nous allons maintenant citer quelques faits qui démontreront les inconvénients de l'ignorance et les avantages de la science.

Un cultivateur qui ne sait ni lire ni écrire est exposé aux plus grands inconvénients. Toutes les fois qu'il est appelé à donner une signature, il risque de compromettre gravement ses intérêts, puisqu'il ne sait pas ce qu'il signe ; il doit au moins se faire lire ce qu'il doit signer par quelqu'un de confiance. Il est obligé d'initier des tiers à toutes ses affaires : ce qui peut souvent lui être très-nuisible. Il ne peut épancher les sentiments de son cœur dans celui de ses enfants qui sont loin de lui, sans l'intermédiaire d'un étranger, sur la discrétion duquel il ne peut pas toujours compter. Que de familles dont l'honneur a été compromis, par la divulgation de secrets qui n'auraient jamais été connus du public, s'il s'était trouvé un seul membre de cette famille capable de lire une lettre !

Un cultivateur ignorant reçut une lettre, qu'il alla porter à lire à son voisin. Cette lettre était de son propriétaire, qui lui disait : Si vous voulez renouveler votre bail aux conditions que je vous ai dites, écrivez-moi de suite ; si je n'ai pas votre réponse sous huit jours, je traiterai avec un autre. Il chargea son voisin de répondre qu'il acceptait, mais le voisin oublia d'écrire et fut indiscret ; de manière qu'un de ceux devant lesquels il avait parlé alla demander la ferme et l'obtint.

Un cultivateur avait un fils soldat ; ce garçon avait eu le malheur de commettre une faute grave contre la probité ; il fut condamné à cinq ans de travaux militaires (de boulet). Il écrivait à son père pour lui faire part de cette triste nouvelle et lui témoigner son repentir. La pauvre mère, qui était loin de se douter de ce que contenait cette lettre, alla la faire lire par une de ces femmes qui font métier d'écrire des lettres pour le public ; celle-ci, qui fréquentait les cafés de bas étage, raconta cette affaire à des commères dont une demeurait dans le même village que la pauvre famille, et sa honte fut divulguée. La fille aînée était sur le point de faire un excellent mariage qui fut rompu, parce que la famille du futur ne voulut pas s'allier avec celle d'un condamné.

Les cultivateurs qui ne savent pas compter sont exposés à être trompés dans toutes les ventes et les achats qu'ils font. Combien n'en ai-je pas vu, avant que les pièces d'or fussent communes, recevoir des pièces de vingt francs pour des pièces de quarante.

Ceux qui ne savent pas le système des poids et

mesures ignorent qu'il n'y a pas de poids métriques d'une demi-livre, ni d'un quarteron ; qu'il faut deux poids, l'un de deux cents et l'autre de cinquante grammes, pour peser une demi-livre ; qu'il faut trois poids, un de cent, un de vingt et un de cinq grammes, pour peser un quarteron. Aussi, quand ils ont affaire à des fripons, on leur donne cent grammes pour un quarteron, et deux cents grammes pour une demi-livre ; on leur vole, par conséquent, un cinquième.

Passons aux faits qui regardent l'instruction agricole. Un propriétaire, qui avait un fermier désireux d'améliorer ses cultures, lui dit un jour : Dans mes voyages, je suis allé dans certains pays, où l'on mettait sur les terres une espèce d'argile blanche, qu'on appelait de la marne ; cette marne produisait d'excellents effets. Si nous pouvions en trouver par ici, ce serait une richesse pour nous. Je crois, dit le fermier, qu'il y a dans le bas d'une de nos pièces quelque chose qui ressemble à ce que vous dites. On alla voir ; et le propriétaire déclara que c'était bien de la marne, et qu'il fallait en extraire et en mettre sur les terres. Le fermier, plus prudent, dit : nous en essaierons sur un demi-journal ; ce qui fut fait. Le résultat fut déplorable, et l'on était près de conclure contre la marne, quand quelqu'un de plus instruit leur dit : Mais avez-vous éprouvé cette marne ? La terre de pipe et la marne se ressemblent assez, à l'œil. On les distingue en versant, sur un morceau de la terre à essayer, quelques gouttes d'eau forte, ou de vinaigre très-fort. S'il se fait un bouillonnement accompagné de fumée, c'est de la marne, qui est d'autant plus riche en chaux que le bouillonnement est plus fort. On soumit la prétendue marne à cette épreuve, et il n'y eut ni bouillonnement ni fumée : d'où l'on conclut qu'on avait pris de l'argile blanche à foulon pour de la marne.

Un fermier riche, qui voulait passer pour un homme de progrès, avait acheté, à une exposition régionale, un de ces énormes taureaux de race nantaise, qu'il croisa avec ses vaches bretonnes. Plusieurs avortèrent ; celles qui vêlèrent à terme donnèrent des produits de mauvaise qualité, bien inférieurs à leurs mères. Si cet homme avait eu quelques notions sur la théorie du croisement, il n'eut pas fait cette sottise.

Il y a des cultivateurs qui repoussent les livres, parce que, disent-ils, les livres sont faits par des messieurs, qui ne peuvent pas savoir leur métier mieux qu'eux. Je sais bien qu'il y a des messieurs qui écrivent sur l'agriculture, et qui ne sont pas agriculteurs ; leurs livres peuvent contenir de bonnes choses, s'ils ont eu le bon esprit de prendre leurs articles dans de bons auteurs. Mais, indépendamment de ces écrivains qui ne sont pas du métier, il se trouve, parmi ceux que vous appelez les messieurs, des hommes qui, joignant la science à l'étude pratique, ont passé une grande partie de leur vie à étudier l'agriculture, à recueillir les faits, à expérimenter les méthodes applicables au pays ; il me semble que ceux-là ont bien quelques droits à votre confiance. Rappelez-vous bien que ce sont des messieurs qui ont perfectionné les charrues, inventé les machines à battre et une foule d'autres instruments, que vous finissez toujours par adopter à la longue, après les avoir critiqués pendant longtemps, souvent même après vous en être moqués.

N'imitez pas les gens qui repoussent tout ce qui est nouveau, par cela seul que cela est nouveau.

Ne faites pas non plus comme ceux qui adoptent sans réflexion toutes les nouveautés ; mais prenez des informations ; puis, procédez par essais. Mettez-vous en état de juger, avant d'accepter ou de repousser.

Le défaut d'instruction vous rend, mes chers amis, très-défiants, très-incrédules pour les vérités, très-crédules pour les sottises. Ainsi, il y a parmi vous des gens qui mettront en doute certaines parties de leur catéchisme, et qui croiront à l'influence de la lune, aux sorciers, aux sorts, aux diseuses de bonne aventure, aux superstitions les plus absurdes. Beaucoup d'entre vous repoussent les conseils des médecins et des vétérinaires instruits, trouvant toujours trop chers leurs soins et les remèdes qu'ils prescrivent ; mais quand il s'agit des guérisseurs d'hommes et d'animaux, de remèdes de commères, choses qui coûtent toujours trop, tout est bon, tout est exécuté avec soin. On croit aux guérisseurs par oraison et à une foule d'autres charlatants qui trompent les cultivateurs, tout en se moquant d'eux. — Que d'exemples de crédulité absurde je pourrais citer ! Je me bornerai aux suivants :

Il y a quelques années, trois ou quatre jeunes gens des Côtes-du-Nord rencontrèrent une sorcière qui leur garantissait de bons numéros s'ils voulaient lui donner chacun dix francs, payés d'avance. Ils payèrent, et tous tirèrent de mauvais numéros. Cette femme fut poursuivie. L'anné suivante, elle fit de nouvelles dupes.

L'an dernier (1858), une affaire de vol fut jugée en cour d'assises à Saint-Brieuc. Il fut appris que le volé avait consulté dans cette ville une sorcière, qui, avant de paraître, l'avait fait interroger adroitement sur ceux qu'il soupçonnait. La sorcière, qui avait tout entendu, vint ensuite, et lui désigna comme son voleur celui qu'il avait indiqué lui-même comme l'objet de ses soupçons. Convaincu alors qu'il ne s'était pas trompé, il dénonça celui sur lequel avaient porté ses soupçons. Cette dénonciation, jointe à quelques circonstances, fit mettre cet homme en accusation; mais le jury, qui ne croyait pas aux sorcières, l'acquitta.

Si les vieux cultivateurs sont crédules, il se trouve souvent des jeunes gens de la campagne qui, après avoir fréquenté certaines sociétés des villes, se donnent le genre de faire les incrédules et les railleurs; qui se permettent de critiquer les enseignements de leur curé; qui se rient des choses saintes; qui censurent tout ce qui se fait dans la commune. Ce sont là de fâcheuses dispositions. L'incrédulité, même simulée par respect humain; l'habitude de tout critiquer, de tout blâmer, de se rire de tout ce que les gens sages respectent, mène promptement à l'oubli des devoirs envers Dieu, envers la famille, envers la société, envers le pays.

Cultivateurs, pères de famille, ne négligez donc rien pour donner à vos enfants une éducation chrétienne, et convenable à leur métier. Ne craignez pas les dépenses pour cela. Donnez-leur le temps de s'instruire : c'est la meilleure fortune que vous puissiez leur laisser. Ils peuvent, par des événements malheureux, perdre leur argent et même leurs champs; mais rien ne pourra leur enlever leur instruction.

Et vous, jeunes gens des campagnes, faites tous vos efforts pour vous instruire de vos devoirs et pour acquérir les connaissances pratiques et les notions théoriques nécessaires pour devenir des cultivateurs distingués. Nous vivons dans un temps

où

où il n'est plus permis d'être ignorant, sous peine de rester au dernier rang.

Un cultivateur capable et instruit fait mieux ses affaires qu'un cultivateur ignorant. Ses terres sont mieux cultivées ; son bétail est mieux choisi et mieux entretenu ; ses bâtiments sont en bon état ; tout, chez lui, indique l'ordre et les soins éclairés ; tout marche convenablement. Il est plus loyal dans les affaires ; il n'est point trompé et ne trompe point ; il est apte à prendre part aux affaires de sa commune, et quelquefois de son arrondissement et même de son département.

Un paysan du quinzième siècle disait un jour à ses voisins : « Si l'on écrivait toute la science nécessaire à un bon cultivateur, elle formerait un livre que les deux plus forts d'entre vous ne pourraient porter.

L'éducation et l'instruction sont aussi nécessaires aux filles qu'aux garçons ; seulement, l'instruction doit différer en ce qui concerne la partie professionnelle. Une mère de famille instruite gouvernera toujours mieux sa famille qu'une ignorante. Il ne faut pas oublier que c'est la mère qui donne aux enfants les premiers éléments de l'instruction morale et religieuse ; qui doit veiller sur eux, suivre en quelque sorte leurs progrès quand ils vont à l'école. Comment remplira-t-elle sa mission, si elle est complètement ignorante?

CHAPITRE III.

De la Sobriété.

Les ivrognes n'entreront point dans le royaume de Dieu.

Mes chers cultivateurs, si je n'ai pas donné à ce

chapitre son véritable titre, c'est que ce n'est qu'avec chagrin que j'aborde la matière qui va en faire le sujet, parce que cela va me mettre dans la nécessité de dire à quelques-uns d'entre vous des vérités dures que je voudrais pouvoir ne pas leur dire, mais que ma conscience m'oblige à leur adresser ; parce que le premier devoir de tout homme qui se permet d'écrire pour le public, c'est de lui dire la vérité. Je les prie donc de ne pas prendre en mauvaise part ces paroles, qui me sont dictées par mon affection pour eux, et par le désir que j'ai de voir les cultivateurs bretons occuper enfin, dans la société, le rang qui leur appartient, rang qu'ils prendront aussitôt qu'ils voudront se respecter eux-mêmes.

Il existe dans le monde un vice bas, honteux, crapuleux, par lequel certains hommes, abusant des bienfaits du Créateur, se ravalent au-dessous du niveau des animaux les plus immondes ; vice qui est une source continuelle d'offenses envers Dieu, de crimes contre la morale et la société ; qui tue plus de monde que la peste, le choléra et les plus cruelles épidémies réunies ; qui est une cause de souffrances et de misères pour la famille et de ruine pour le pays. Ce vice, ai-je besoin de vous le nommer ? Hélas ! non. Vous avez tous deviné, cultivateurs bretons, que c'est de l'ivrognerie qu'il s'agit ici.

O ma chère Bretagne ! ô mon cher pays ! pourquoi faut-il que toi, qui as su conserver la foi de tes pères, tu sois une des contrées de la France où cette hideuse plaie sociale, qui souille le caractère breton, fasse le plus de progrès ? Passion funeste, quand cesseras-tu donc d'être la honte de mon pays ?

En Bretagne, il y a malheureusement des ivrognes dans les villes comme dans les campagnes ; mais au moins, dans les villes, les gens qui ont un peu d'éducation se respectent ; ils ne vont point au cabaret, ils ne s'enivrent point au grand jour ; ils auraient honte d'être publiquement connus et signalés comme ivrognes. Dans les campagnes, il n'en est pas ainsi : l'ivrognerie n'est pas une honte. Les ivrognes n'y sont pas plus mal vus que les autres ; souvent même le mauvais exemple vient d'en haut. Des cultivateurs distingués par leur fortune, par les fonctions publiques qu'ils remplissent, quelquefois même par leur éducation, ne rougissent pas de fréquenter les cabarets, de prendre part aux orgies qui s'y commettent, et d'en sortir en état d'ivresse, au vu et au su de tout le monde. Nous avons même vu trop souvent, dans notre pays, l'écharpe municipale souillée dans la fange de l'ivrognerie et du cabaret.

Dans nos campagnes, l'habitude du cabaret se prend de bonne heure. Quand les jeunes gens ont cessé d'être *pâtours* (pâtres), ils disposent de leurs journées du dimanche comme ils l'entendent. Aussitôt les vêpres finies (quand ils vont encore aux vêpres), ils entrent au cabaret. Là, ils trouvent leurs frères aînés, leurs pères et une foule d'autres gens qui leur devraient un meilleur exemple ; ils y trouvent même, très-souvent, leurs mères et leurs sœurs. Oui, malheureusement, l'on voit, en Bretagne, des jeunes filles qui vont au cabaret, au café. J'aime à croire qu'elles ne s'y enivrent pas, qu'elles n'y vont même pas exprès pour boire ; mais, enfin, elles y contractent l'habitude de boire sans soif, et hors de leur repas. Eh bien, de là à l'excès, il n'y a qu'un pas, et souvent, quand la jeune fille est devenue femme, elle le fait ce pas. Puis, le cabaret n'a-t-il pas bien d'autres dangers pour une jeune fille honnête? n'y est-elle pas exposée à entendre ces paroles grossières ou obscènes qui blessent ses chastes oreilles, ces jurements et autres mauvaises paroles? ne s'y trouve-t-elle pas en contact avec ces jeunes gens dévergondés qui ne savent rien respecter quand ils sont sous la funeste impression de la boisson? Comment peut-il se trouver des mères assez peu soigneuses de l'honneur de leurs filles pour les conduire dans de pareils lieux? Oh mères coupables, que de chagrins vous vous préparez! quelle terrible responsabilité vous assumez!!! Vous semez dans le cœur de vos filles le germe de tous les vices, vous récolterez la douleur et la honte.

Jeunes gens qui lirez ces lignes, croyez-moi, ne prenez jamais pour femme, quels que soient les avantages de fortune et de beauté qu'elle vous présente, une jeune fille qui est habituée à aller au cabaret; ne confiez point à une telle personne l'honneur de votre nom et la direction de votre ménage, car elle ne sera jamais une bonne mère de famille: votre honneur et votre fortune seraient en mauvaises mains.

J'ai dit, en premier lieu, que l'ivrognerie est une cause continuelle d'offenses envers Dieu. En effet, n'est-ce pas offenser gravement le divin Créateur, que d'abuser de ses bienfaits pour abrutir cette raison qu'il nous a donnée pour le connaître, l'aimer, l'adorer et le servir; que d'abaisser au-dessous des animaux les plus immondes, que de souiller dans la fange de l'ivrognerie cette âme qu'il a créée à son image; que d'être une cause de scandale pour tout le monde? N'est-ce pas quand les hommes sont sous la fatale influence de l'ivresse que leur bouche vomit, à grands flots, ces horribles blasphèmes, ces épouvantables malédictions qui font trembler ceux qui les entendent? n'est-ce pas aussi alors que leurs lèvres distillent, comme une bave venimeuse, comme un subtil poison, ces paroles obscènes, ces dégoûtantes infamies qui font rougir même les gens les plus habitués à les entendre? n'est-ce pas par suite de l'habitude de l'ivrognerie que tant de jeunes gens se livrent à la débauche? ne peut-on pas dire, enfin, que l'ivrognerie est la cause de la majeure partie des péchés qui se commettent dans le monde? C'est pour cela que le divin Maître a dit : *Les ivrognes n'entreront point dans le royaume de Dieu.*

J'ai dit, en second lieu, que l'ivrognerie est la cause de presque tous les crimes qui se commettent contre la société. En effet, n'est-ce pas quand les hommes sont irrités, surexcités par la terrible influence des boissons alcooliques, qu'ont lieu ces querelles qui se terminent toujours par des combats dans lesquels ils se livrent à des actes de brutalité, de cruauté, qui feraient honte à des cannibales ; à ces batailles acharnées qui entraînent quelquefois mort d'hommes ; qui conduisent, trop souvent, ceux qui y ont pris part, sur la sellette des tribunaux criminels, et même jusque sur l'échafaud !!!

J'ai dit, en troisième lieu, que l'ivrognerie détruit plus de monde que la peste et les plus cruelles épidémies. C'est à elle, en effet, que sont dues ces vieillesses anticipées, cet abrutissement physique et moral, ces infirmités de toutes sortes, ces morts subites et accidentelles dont nous entendons chaque jour les tristes récits, dont les navrants détails remplissent nos journaux locaux.

Indépendamment des maux que les ivrognes se font à eux-mêmes, combien n'en font-ils pas aux autres par leur témérité, leur imprudence, leur mauvais vouloir, leur entêtement ? de combien de femmes et d'enfants les mauvais traitements du père ou du mari, ou la misère, suite de cette fatale passion, n'ont-il pas causé la mort ? de combien de suicides l'ivrognerie n'a-t-elle pas été la cause ? j'en citerais cent exemples à ma connaissance.

J'ai dit, enfin, que l'ivrognerie est une cause de ruine pour les familles et de misère pour le pays. Rien n'est plus vrai. Une fois que le chef de famille s'est laissé dominer par cette fatale et honteuse habitude, il n'est plus capable de rien faire de bien ; l'avenir de la famille est gravement compromis, car l'ivrognerie n'est pas comme bien d'autres vices qui se calment avec l'âge : elle grandit, au contraire, avec le temps, et plus on avance en âge, plus elle est difficile à vaincre. *Qui a bu boira,* dit le proverbe, qu'il ne faut pas cependant prendre à la lettre d'une manière absolue, car on voit des ivrognes se convertir, mais ces conversions sont difficiles et ne se font que par des grâces toutes spéciales. L'ivrogne ne sait épargner ni le temps, ni l'argent. Quand l'argent manque, les vêtements, les outils, les meubles, tout est vendu ; il ne respecte pas même les objets qui rappellent les plus précieux souvenirs : nous en avons vu vendre les anneaux de mariage de leurs pauvres femmes. Nous pourrions même citer des exemples d'ivrognes qui ont vendu jusqu'au dernier morceau de pain de la famille pour satisfaire leur déplorable passion.

Comment un chef de ferme pourra-t-il faire marcher son exploitation, si, pour se livrer à ses détestables habitudes d'ivrognerie, il passe une partie de ses journées au cabaret ? Que de temps perdu par ses travailleurs pendant ses absences ; que de travaux mal exécutés ; que d'objets gaspillés ! Comment pourra-t-il se faire respecter de ses enfants, de ses domestiques, de ses ouvriers, qui l'auront vu si souvent en état d'ivresse? de quel droit adressera-t-il des reproches à ceux qui se conduiront mal, quand il aura lui-même donné le mauvais exemple?

Il est évident que lorsque les ivrognes ont ruiné leur famille, elles tombent à la charge du pays, puisque femmes et enfants n'ont d'autre ressource que la mendicité. Telle est la principale cause de la misère et de l'accroissement continuel du paupérisme en Bretagne; d'où je crois pouvoir conclure que l'ivrognerie est une cause de ruine pour ces familles, et de misère générale pour le pays.

Examinons maintenant les fâcheux effets de l'ivrognerie au point de vue purement matériel, et tâchons de faire comprendre l'importance des pertes qu'elle occasionne, par un calcul fort simple : Supposons un cultivateur qui ne s'enivre que le dimanche, et qui, par suite, perd sa matinée du lundi, et estimons à trois francs la dépense en argent et la perte de temps qui en résultent. Trois francs par semaine, font cent cinquante-six francs par an. Si ce cultivateur avait placé ces trois francs par semaine à la caisse d'épargne, depuis le jour de la naissance de son premier enfant jusqu'à sa majorité, cette somme aurait produit, avec les intérêts composés, environ quatre mille huit cents francs, qui lui auraient permis, soit de libérer deux de ses fils du service militaire, soit de doter convenablement une de ses filles. Combien y a-t-il d'ivrognes qui se bornent à dépenser seulement trois francs par semaine? le nombre en est fort petit. Lorsque, comme cela a lieu trop souvent, l'on joue au cabaret, les dépenses deviennent bien plus considérables encore. Que de jeunes gens volent leurs parents pour subvenir à leurs dépense de jeu et de boissons. Quand les parents se plaignent, n'est-on pas en droit de leur dire : A qu la faute, ne récoltez-vous pas ce que vous ave semé ?

Tâchons d'appuyer nos raisonnements par quelques exemples qui viendront aussi démontrer le funestes effets du vice honteux que nous combattons ;

Lorsque j'habitais le Finistère, un de nos charretiers, qui allait à la grève, rencontra sur la rout qui longeait les dunes un de ses camarades qu conduisait une pièce d'eau-de-vie. Celui-ci lui proposa de boire la goutte, ce qu'il accepta. Le charretier déboucha un des évents qui se trouvait prè de la bonde, y introduisit un tuyau de chaume, e fit notre pauvre charretier boire par là. Il but en effet, et, au bout de quelques secondes, il fu tellement ivre, qu'il ne put descendre seul de l charrette. Son camarade le coucha sur la dune, e le laissa là. Personne n'étant venu à passer par c chemin, on trouva le malheureux mort le lendemain matin. Sa pauvre femme et sa famille vinren le reconnaître, et eurent la douleur de le voir enterrer sans les honneurs de la sépulture ecclésiastique.

Autre exemple : Un jeune homme des environ de Saint-Brieuc faisait la campagne d'Italie à l'époque où Napoléon Bonaparte était premier consul. Ce garçon, dont le nom de baptême était Laurent, avait contracté l'habitude de boire. Un jour que la brigade dont il faisait partie était à Savone, où elle était casernée dans une église, Laurent rentrant ivre, son colonel, qui se trouvait là au moment où il arrivait, voulu lui faire des représentations. Laurent le frappa d'un échalas qu'il tenait à la main. Heureusement qu'il n'y avait qu'eux deux dans ce moment sous le porche de l'église. Le colonel appela deux hommes, et fit conduire Laurent au poste. Le malheureux, tout ivre qu'il était, ne tarda pas à reconnaître la gravité du cas dans lequel il s'était mis : il savait que, s'il était traduit devant le conseil de guerre, il serait condamné à mort. Il passa une nuit terrible. Le colonel, qui était un excellent homme, et qui aimait Laurent à cause de sa bravoure, le fit venir le lendemain matin, et lui dit : « Malheureux, tu sais dans quel cas tu t'es mis ! — Oui, mon colonel ; je sais que j'ai mérité la mort, et je m'y résigne. La seule chose qui me chagrine, c'est de mourir d'une mort honteuse. — Eh bien ! lui dit le colonel, je veux bien te pardonner, à deux conditions : la première, c'est que, dans la prochaine bataille, tu feras tout ce que tu pourras pour te faire tuer ; la seconde, c'est que, si tu n'es pas tué, tu me promettras, devant Dieu, de ne jamais boire aucune boisson enivrante. » Laurent répondit : « Colonel, j'accepte vos conditions avec reconnaissance, et je vous promets, foi de Breton et de soldat, qu'elles seront tenues. — C'est bien, dit le colonel ; personne n'a été témoin de ce que tu as fait, ainsi va-t-en, et tiens parole. » Le colonel dit à Laurent après la bataille qui suivit : « La première condition a été largement remplie ; si tu n'es pas mort, ce n'est pas ta faute ; maintenant, c'est la seconde qu'il faut tenir. » Celle-là, Laurent l'a tenue aussi, et voici un fait dont j'ai été témoin : Laurent, arrivé à l'âge de quatre-vingt-cinq ans, eut une faiblesse à la messe. On voulut lui faire prendre un peu de vin. Aussitôt qu'il en sentit l'odeur, il se redressa d'un bond : « Jamais, jamais de vin, dit-il ; j'ai promis à Dieu et à mon colonel qu'il n'en entrerait jamais dans ma bouche, et je tiendrai ma parole jusqu'à la mort. » Bien peu d'ivrognes suivent l'exemple de Laurent ; cependant, on en voit quelques-uns.

Un cultivateur de notre pays épousa, pour sa fortune, une jeune fille qu'il n'aimait pas : il espérait, au moyen du bien de sa femme, continuer la vie de débauche qu'il avait menée depuis quelque temps en secret. Le mariage se fit donc ; mais bientôt la pauvre femme s'aperçut qu'elle avait épousé un ivrogne. Elle souffrit cependant deux ans sans se plaindre ; enfin, un jour, le malheureux ivrogne vint lui dire qu'il avait contracté des dettes pour lesquelles on allait le poursuivre, et qu'il désirait qu'elle lui donnât son consentement pour vendre un de ses champs pour les payer. La pauvre femme lui fit des représentations. Il lui promit de se corriger. Enfin, vaincue par ses sollicitations, elle céda, et signa l'acte de vente. Quelques mois après, nouvelle demande pour vendre un autre champ. « Mon cher ami, lui dit-elle avec fermeté, je refuse ; j'ai un enfant, il faut que je lui conserve un morceau de pain, car je sais maintenant qu'il ne peut nullement compter sur vous. » Le malheureux ivrogne employa tour-à-tour prières, menaces, pour obtenir le consentement de sa malheureuse femme ; mais la mère ne céda pas ; dans l'intérêt de son enfant, elle ne le devait pas. Exaspéré par ce refus, auquel il ne s'attendait pas, cet homme, à moitié ivre, saisit un bâton, en porta un coup sur la tête de sa malheureuse femme, et l'étendit presque sans vie sur le sol, tenant dans ses bras son pauvre enfant. Trois jours après, elle mourut en pardonnant à son bourreau, et en lui recommandant le pauvre innocent. La justice informée fit arrêter le malheureux ivrogne, qui fut condamné aux travaux forcés à temps.

Un jeune homme de ma connaissance s'était préservé, jusqu'à l'âge de 30 ans, de cette fatale passion, il avait une conduite exemplaire, et était aimé et estimé de tous ceux qui le connaissaient. Il hérita d'un parent : il alla gérer ses propriétés. Il fit connaissance avec des ivrognes. Un jour, dans un cabaret, il eut une querelle avec un de ses compagnons de débauche ; une bataille s'ensuivit, et ce malheureux, doué d'une force extraordinaire, ne porta que deux coups de poing ; mais l'un tua un homme, et l'autre en blessa grièvement un second. Il vient de paraître devant la cour d'assises, et d'être condamné à six ans de réclusion.

Un cultivateur que j'ai connu tenait, à très-bas prix, une de ces fermes, comme il y en a encore tant en Bretagne, qui n'ont jamais été visitées par leurs propriétaires. Les grands bénéfices que donnait cette ferme firent contracter au fermier et à sa femme des habitudes d'ivrognerie. Deux fois par semaine, ils se rendaient au marché de deux villes voisines, y passaient la journée au café, et rentraient tous les deux ivres. J'ai entendu le mari dire souvent que sa femme et lui avaient bu dix fois la valeur de leur ferme. Cette ferme et la terre dont elle dépendait furent vendues à un spéculateur : l'ivrogne et sa femme furent mis à la porte. Ils prirent une autre ferme, et continuèrent le même train de vie ; cinq ans après, ils étaient ruinés, et leurs enfants étaient domestiques.

L'ivrognerie est un vice bien déplorable chez les hommes ; mais on peut dire que quand il existe parmi les femmes, *c'est l'abomination de la désolation !* Comment une malheureuse femme qui passe la meilleure partie de son temps au café et au cabaret, qui noie sa raison dans l'eau-de-vie ou les liqueurs, surveillera-t-elle son ménage, élèvera-telle sa famille, conservera-t-elle l'honneur de son mari? Une femme subjuguée par cette abominable passion n'est-elle pas capable de tous les vices? Quel triste exemple elle donne à ses pauvres enfants et à ses serviteurs! Peut-elle se faire respecter? quelle autorité peut avoir dans sa maison une mère de famille méprisée? Si l'honnête femme qui a un mari ivrogne est à plaindre, le mari honnête d'une femme abandonnée à l'ivrognerie est bien plus malheureux encore. Ah! que les pauvres enfants d'une telle mère sont dignes de pitié!

Quand je pense qu'il se trouve, dans mon pays, des femmes qui volent le ménage pour satisfaire à cette honteuse passion, je rougis d'être Breton. Il y a, dans notre pays, bien des femmes qui viennent tous les jours au marché pour vendre leurs denrées, et qui prélèvent sur la vente des dépenses de café plus ou moins fortes. Comme elles ne s'enivrent pas, elles ne se croient pas coupables; elles se trompent, car l'argent qu'elles dépensent ainsi, c'est le nécessaire de la famille, c'est souvent le pain de leurs enfants.

Cultivateurs bretons, mes chers compatriotes, je voudrais avoir le talent de nos grands prédicateurs, de nos grands écrivains, pour donner à ces lignes la persuasion que je voudrais qu'elles puissent avoir pour vous faire comprendre toute l'horreur que doit vous inspirer ce vice infâme, pour vous prouver combien l'ivrognerie est funeste à vos intérêts spirituels, à votre intérêt matériel, à votre famille, à votre considération! A défaut de talent, je vous dirai, avec toute l'affection que je vous ai vouée depuis bien longtemps: Au nom de la religion, que vous aimez et pratiquez; au nom de votre famille, de votre honneur, de votre fortune; au nom de votre pays, de vos intérêts les plus sacrés ; au nom du salut éternel de votre âme, que ceux d'entre vous qui ont eu le bonheur de ne pas contracter cette honteuse habitude de l'ivrognerie se tiennent de plus en plus en garde contre elle ; qu'ils l'aient toujours en horreur ; qu'ils fuient le café, le cabaret et les mauvaises occasions comme la peste !!! que ceux qui ont eu le malheur de se laisser vaincre rentrent en eux-mêmes, et fassent tous leurs efforts pour se corriger !!! La conversion des ivrognes est difficile ; mais elle n'est pas impossible à celui qui veut sincèrement se convertir, et qui appelle à son aide la grâce de Dieu.

Pauvres enfants qui avez le malheur d'avoir des parents ivrognes, ne les imitez pas ; mais ne les méprisez pas : jamais on n'a le droit de mépriser ses parents, quelle que soit leur conduite. Priez plutôt pour leur conversion.

Terminons par un exemple terrible : « Il y a » quelque temps, un certain nombre d'ivrognes » étaient réunis dans un cabaret. A ce moment, il » faisait un orage très-fort. Plusieurs d'entre eux » n'étaient pas trop rassurés : chaque éclair, cha- » que coup de tonnerre leur faisait baisser la tête. » L'un d'entre eux, dont l'ivresse était plus avan- » cée, ouvrit la fenêtre et se mit à proférer d'hor- » ribles blasphèmes, disant à Dieu : *Je me ris du* » *tonnerre ; je le défie de me faire du mal.* A peine » ces paroles étaient-elles sorties de sa bouche, » qu'il fut foudroyé. » Comme vous le voyez, mes amis, le châtiment ne se fit pas attendre.

Que les cultivateurs bretons renoncent à l'ivrognerie, et bientôt ils jouiront de l'estime et de la considération que mérite leur profession.

CHAPITRE IV.

De la Probité.

Les biens d'autrui tu ne prendras,
Ni retiendras à ton escient.

Biens d'autrui ne convoiteras,
Pour les avoir injustement.

Voici encore, mes chers cultivateurs, un sujet que je n'aborde pas sans peine ; cependant, il y a tant de choses à dire sur la probité, envisagée à un point de vue auquel un grand nombre de personnes ne l'envisagent pas, que je me croirais coupable de ne pas traiter cette question dans un ouvrage de la nature de celui-ci. Ainsi donc, mes chers cultivateurs, je vous prie aussi, comme pour le précédent chapitre, de prendre les conseils ci-après comme des conseils d'ami.

Je sais fort bien que les cultivateurs bretons sont généralement honnêtes, et qu'ils ne voudraient, pour rien au monde, s'approprier le bien d'autrui ; mais ce n'est pas en cela seulement que consiste la probité. Il y a des cultivateurs qui, sans s'en douter, commettent des actes contraires à la probité, qu'ils ne commettraient pas s'ils étaient suffisamment éclairés sur la portée de ces actes. Le but de ce chapitre est, tout justement, de leur donner les notions qui leur manquent à cet égard.

Etablissons d'abord l'exacte signification du mot probité. La probité est une vertu qui consiste non-seulement à ne pas prendre le bien d'autrui, mais à ne faire volontairement aucun tort à autrui ; à remplir exactement tous ses devoirs envers les autres membres de la société. Si nous entendions bien nos intérêts, mes bons amis, nous serions tous probes et honnêtes. En définitive, toute action contraire à la probité finit par tourner au détriment de celui qui la commet ; toute action mauvaise porte avec soi son châtiment.

Voyons maintenant les principaux cas sur lesquels nous voulons appeler votre attention.

Généralement, les cultivateurs pensent qu'ils ont le droit de se venger du propriétaire qui leur retire sa ferme et du fermier qui leur succède. Dans ce but, ils passent les deux ou trois dernières années de leur bail à dégrader et à ruiner les terres qu'ils quittent ; pendant ces trois années, ils labourent mal, ils ne fument ni ne sarclent. Ceux qui n'ont pas de renable font tout ce qu'ils peuvent pour ne laisser que le moins possible de fourrages et d'engrais ; ils se permettent même d'en enlever une partie, quand ils peuvent le faire à l'insu du propriétaire, sous le prétexte qu'ils en laisseront toujours plus qu'ils n'en ont reçu. Parmi ceux qui ont un renable, il y en a qui introduisent des matières étrangères dans leurs fumiers ; il y en a même qui vont jusqu'à y semer des mauvaises graines. Tous ces actes sont contraires à la probité : premièrement, parce qu'ils sont nuisibles au propriétaire et au successeur, celui-ci étant obligé de faire des dépenses considérables et de perdre du temps pour remettre la ferme en état ; secondement, cette fâcheuse manière d'agir est contraire à l'intérêt public, car, pendant ces années de mauvaise culture et celles qu'on passe à réparer le mal, les produits du sol sont considérablement diminués, et, comme cette coutume est presque générale, il en résulte, chaque année, une perte considérable pour le pays. Or, tout ce qui tend à diminuer la production du sol est un mal public, et, par conséquent, une action contraire à la probité, pour tous ceux qui y participent volontairement. Ensuite, cette action mauvaise porte avec soi son châtiment, car elle tourne au détriment de celui qui la commet : il est bien évident que s'il avait continué, pendant les dernières années de son bail, à bien soigner ses terres, il aurait obtenu des récoltes qui l'auraient plus qu'indemnisé de ses dépenses. Enfin, en agissant ainsi, on commet un acte de vengeance défendu par les lois divines et humaines ; de plus, on s'expose à payer de forts dommages et intérêts, que les propriétaires sont toujours en droit d'exiger.

Vous me répondrez sans doute à cela, mes bons amis, que vous n'agissez envers les autres que comme on agit envers vous. Je veux bien le croire ; mais, parce que les autres agissent mal, ce n'est pas une raison pour que vous fassiez comme eux : nul n'a le droit de se faire justice à lui-même. Si les terres qu'on vous laisse sont en mauvais état, faites-les expertiser, et il vous sera accordé des dommages et intérêts.

Si tous les cultivateurs honnêtes et éclairés voulaient s'entendre, et si tous les propriétaires se joignaient à eux, cette fâcheuse habitude cesserait bientôt.

Un acte coupable encore, c'est celui qui consiste à dénigrer la ferme que l'on quitte, à faire tout son possible pour en dégoûter ceux qui viennent la voir, soit comme fermiers, soit comme acquéreurs. Dans le cas de vente surtout, on peut faire un tort considérable au propriétaire : donc, on agit encore contre la probité dans ce cas là.

Les baux à moitié exposent les cultivateurs à bien des tentations ; il y a là bien des choses qu'on croit permises, et qui ne le sont pas. Tout ce que le fermier se permet de prendre, en dehors de la part qui lui est assignée par son bail, est un vol. Il ne peut pas s'excuser sur ce que les conditions du bail sont trop à son désavantage : c'était à lui à les faire régler autrement, avant de les signer ; du moment qu'il les a acceptées, il est, en conscience, obligé de les exécuter. Ainsi, par exemple, un fermier qui s'est engagé à fournir les semences et qui les prélève sur la récolte, à l'insu du propriétaire, commet un vol. Celui qui déduit, sur le prix de vente du bétail, ses frais de route, quand il est convenu que cette vente doit se faire à ses frais, commet un acte contraire à la probité. Il en est de même de celui qui ne presse pas assez les mottes, pour que son petit cidre soit meilleur. Tout ce qui tend à éluder, par ruse, les conditions d'un bail, soit à ferme, soit à moitié, est contraire à la probité et peut être poursuivi en justice.

Tout cultivateur qui met en vente une pièce de bétail ayant des défauts cachés, est obligé, en conscience, de faire connaître ces défauts ; il n'est pas obligé de faire remarquer les défauts apparents. C'est pour préserver l'acheteur contre les tromperies par les défauts cachés, qu'a été faite la loi sur les vices redhibitoires, qui donne droit à l'acheteur de forcer le vendeur à reprendre un animal atteint de certaines maladies, si ces maladies sont reconnues dans un délai déterminé.

Il y a des cultivateurs qui, dans leurs rapports entre eux, n'observent pas toujours les lois de la justice. On voit souvent des voisins se chercher de mauvaises chicanes, tantôt au sujet de bornages, tantôt au sujet de certaines servitudes. La mauvaise foi, en matière de bornage, est une action contre la probité. Le déplacement des bornes est un délit que les lois punissent sévèrement.

Quand il s'agit de partages, la discorde se met souvent dans les familles ; la cupidité et la jalousie sont cause de bien des injustices, et de bien des actes contraires aux intérêts de tous. Dans les partages mobiliers, il y a souvent bien des tromperies de commises ; on se permet quelquefois de détourner certains objets. Ceux qui restent dans la ferme voudraient tout garder ; ceux qui sortent voudraient tout emporter : chacun tire de son côté. Dans les partages de terre, il y a des gens qui, par entêtement ou défiance, font faire des partages tellement absurdes, qu'ils sont contraires aux intérêts de tous ; comme, par exemple, de faire morceller sans nécessité les propriétés. Le morcellement diminue la valeur de la propriété, quand il est poussé trop loin.

Il existe, dans nos lois, certaines dispositions qui y ont été introduites dans un but d'intérêt public, afin de forcer les gens à ne pas laisser traîner trop longtemps leurs affaires. Ces dispositions portent le nom de prescriptions. Il résulte des prescriptions que si certaines créances ne sont pas réclamées dans un certain délai, le créancier perd le droit d'en poursuivre judiciairement le payement ; que si l'on a usé, pendant un temps, de certaines servitudes sur une propriété, sans opposition, le propriétaire n'a plus le droit de s'y opposer. Il est évident que tout individu qui use de la prescription pour se libérer d'une dette, ou pour acquérir sur la propriété d'autrui des droits qu'il n'a pas, commet des actions contraires à la probité.

Il y a des gens qui, quand ils ont conclu un marché qu'ils reconnaissent, plus tard, devoir être une cause de perte, font tout ce qu'ils peuvent pour le rompre : c'est encore là un acte d'improbité.

Certaines personnes se permettent de s'approprier des choses qu'elles ont trouvées. Ces personnes-là commettent une très-mauvaise action, quand elles ne font pas tout leur possible pour trouver le propriétaire.

Il y a souvent des gens qui achètent, au-dessous de leur valeur, des objets qui leur sont présentés par des inconnus ou par des gens suspects. Il ne faut pas que le désir d'avoir un objet à bon marché vous fasse faire de ces sortes d'achats, car ceux qui les font participent, en quelque sorte, au vol ; et cela est si vrai que la loi punit sévèrement ceux qui sont reconnus pour avoir fait de ces sortes de marchés.

Il y a des cultivateurs qui admettent en principe qu'il n'y a pas de mal à *mettre les gens de ville dedans*, parce que les gens de ville trompent les paysans, toutes les fois qu'ils le peuvent. J'avoue qu'il y a bien des gens de ville qui se permettent de tromper les cultivateurs ; que souvent même ce sont eux qui donnent à cet égard le mauvais exemple. Je dis même que les gens de ville, ayant de l'éducation, qui trompent les paysans, sont plus coupables que les paysans qui trompent les gens de ville, parce qu'ils ont plus de discernement ; mais cela ne donne pas le droit aux cultivateurs de faire la même chose : les honnêtes gens ne doivent jamais rendre le mal pour le mal. Le meilleur moyen pour ne pas être trompé, c'est de s'instruire. Si les cultivateurs peuvent prouver qu'on les a trompés, ils ont le droit de recourir à la justice ; c'est le seul moyen de vengeance qui leur soit permis.

Apprenez à compter, à bien connaître les poids et mesures, les diverses pièces de monnaies, et vous serez moins exposés à être trompés. Puis enfin tous les gens de ville avec lesquels vous faites des affaires ne sont pas des gens de mauvaise foi.

Il y a une foule de gens, même très-honnêtes par ailleurs, qui admettent en principe que, frauder les droits du Gouvernement, ce n'est pas voler. *Il n'y a*, disent certaines gens, *point de péché à frauder ; il n'y a de péché qu'à se laisser prendre*. C'est là, mes amis, une grave erreur ; et ceux qui raisonnent ainsi ont la conscience très-large. Quand on demandait à notre divin Maître s'il fallait payer l'impôt, ne répondit-il pas : *Rendez à César ce qui est à César, et à Dieu ce qui est à Dieu* ? Mais, nous dira-t-on sans doute, les impôts sont trop élevés ; s'ils étaient plus modérés, nous ne refuserions pas de les payer ; mais quand on nous demande trop, ne nous est-il pas permis de tâcher de nous soulager un peu ? Mes chers cultivateurs, si, en matière d'impôts, chacun était laissé à sa générosité, le trésor de l'Etat serait souvent vide. Si chacun ne paie que le moins possible, comment le gouvernement pourvoira-t-il aux dépenses nécessaires au maintien de l'ordre, et à toutes les charges que lui impose la conservation de la société ? Comment pourvoira-t-il aux besoins du culte ? Comment payera-t-il les magistrats qui rendent la justice ? Avec quoi entretiendra-t-il les armées qui maintiennent l'ordre à l'intérieur et qui défendent notre pays contre les invasions étrangères, ces gendarmes qui veillent à notre sûreté personnelle et à la conservation de nos propriétés ? Comment construira-t-il ces églises, ces monuments, ces routes, ces chemins de fer, ces canaux, etc. ? Il n'y a pas de société possible sans gouvernement ; il n'y a pas de gouvernement possible sans impôts. Donc, frauder l'impôt, de quelque nature qu'il soit, c'est commettre une action contraire à l'intérêt public, et par conséquent, c'est commettre une action contraire à la probité ; donc, frauder, c'est voler. Les fraudes empêchent souvent de diminuer les impôts ; d'où il résulte que les honnêtes gens payent pour les coupables, et que ceux qui fraudent volent le public.

Par conséquent, il n'est point permis de se soustraire, par la fraude, au payement des droits de douanes, des droits d'octroi sur les boissons, etc. Quand on fait une déclaration de succession, il n'est pas permis de diminuer la valeur réelle des objets mobiliers. Quant aux immeubles, leur valeur doit toujours être portée à vingt fois le revenu ; on n'est pas obligé d'aller au-delà. Ainsi, par exemple, un champ qui est loué cent francs ne devra être estimé qu'à deux mille francs, quand même il serait estimé, en partage, au double de cette somme. Les fausses déclarations de succescession exposent à payer de doubles droits et de fortes amendes. Un autre abus très-fréquent, et qui expose à des inconvénients excessivement graves, c'est de ne porter, dans les contrats de vente de propriétés, qu'une partie du prix de vente. Voici quelques-uns de ces inconvénients : En cas de partage ou de liquidation de communauté, celui des époux qui demande le partage, ou ses enfants, ou ses autres héritiers, ne peuvent prétendre, pour les biens vendus pendant la communauté, qu'aux sommes portées aux contrats. Pour les biens qui se trouvent dans le cas de l'article 1408 du Code civil, les inconvénients sont encore plus graves ; car cet article donne aux héritiers de l'épouse le droit de reprendre, au prix coûtant, les biens acquis en communauté, à titre de licitation, dans laquelle ladite épouse était fondée pour une partie. Donc tous ces actes contraires à la probité portent avec eux leur châtiment.

Il y a des gens qui, quand ils sont appelés à remplir certaines fonctions publiques, comme celles de maire, d'adjoint, se permettent de s'approprier des sommes prises sur les deniers publics, de faire tourner à leur profit certaines mesures, ou de se faire payer pour des actes de leur ministère qui doivent être gratuits. Tout cela est contraire à la probité ; c'est ce que la loi appelle des concussions, et qu'elle punit de peines fort sévères. Il en est d'autres qui, quand ils sont répartiteurs ou conseillers municipaux, profitent de leur position pour alléger leurs charges et celles de leurs amis, au détriment du public ; ce sont encore là des actes contraires à la probité. Il en est de même des jurés qui jugent contre leur conscience, des témoins qui ne disent pas la vérité, toute la vérité, rien que la vérité. La loi humaine punit les faux témoins de peines fort graves, et la loi de Dieu dit : *Faux témoignage ne diras, ni ne mentiras aucunement.*

Quelques jeunes gens emploient des moyens illicites ou frauduleux, pour se libérer du service militaire ; c'est là une action bien coupable, puisqu'on fait partir à sa place un autre jeune homme dont la présence dans sa famille serait souvent plus nécessaire que celle de celui qui se fait exempter frauduleusement. Quoi ! vous ne voudriez prendre à votre voisin ni sa bourse, ni une parcelle de sa terre, et vous ne vous faites pas scrupule de lui enlever son fils ! N'est-ce pas là un acte bien coupable ? De plus, c'est une lâcheté, qu'un jeune homme de cœur et d'honneur ne doit jamais songer à commettre.

Parlerai-je de ceux qui vendent ou achètent à

faux poids, à fausses mesures; qui trompent sur la qualité des marchandises; qui mettent du grain propre sur le dessus et au fond du sac, et du grain sale au milieu; qui mettent des matières étrangères dans leur beurre, de l'eau dans leur lait; qui tirent du cidre d'un tonneau vendu, et le remplissent avec de l'eau, etc.? Parlerai-je des femmes qui volent le ménage pour aller au café, des enfants qui volent leurs pères et mères pour aller au cabaret, ou pour leur toilette? Tous ces gens-là sont des voleurs, et je n'écris pas pour eux : ils ne pèchent pas par ignorance.

Un mot maintenant sur les procès. Les procès sont mauvais par leurs principes et par leurs conséquences, au point de vue moral et au point de vue matériel. Ils ont pour principe la mauvaise foi, la jalousie, la vengeance; ils ont, pour conséquence morale, la haine, et pour conséquence matérielle, la ruine. Fuyez-les donc, mes amis, comme la peste. Quand il s'élève entre vous quelques contestations, entendez-vous pour consulter un homme instruit et consciencieux, qui vous fera connaître vos droits respectifs. Ne consultez point ces hommes de loi chicaneurs, qui vivent de procès. Méfiez-vous surtout, mes amis, de ces prétendus avocats de campagne, qui trouvent dans la loi tout ce que vous croyez avoir intérêt à y trouver, et qui vous induisent en erreur. Quand vous consultez un avocat, un avoué, il ne faut pas, comme cela arrive trop souvent, dire les choses comme vous voudriez qu'elles soient, mais telles qu'elles sont; car si vous ne lui dites pas toute la vérité, vous l'induirez en erreur, et il vous donnera des conseils qui tourneront à votre préjudice : il vous conseillera de suivre un procès qu'il vous aurait dit d'abandonner, s'il avait connu le véritable état des choses.

Mes chers cultivateurs bretons, que la probité, la franchise et la loyauté soient la base de toutes vos actions. Que la cupidité, la ruse, l'astuce, si communes de nos jours, n'entrent jamais dans vos relations avec les autres hommes. Agissez toujours envers les autres, comme vous voudriez qu'ils agissent envers vous. N'oubliez jamais ni le septième ni le dixième commandement. Souvenez-vous qu'il y a des actions que les lois ne punissent pas, que l'opinion des hommes ne blâme pas, qui n'en sont pas moins coupables devant Dieu. N'oubliez pas non plus que tout tort fait volontairement à autrui doit être réparé, autant qu'on le peut, si l'on veut qu'il soit pardonné.

Premier exemple. Un cultivateur, par suite de la mauvaise administration de ses parents, se trouvait réduit à l'état de journalier. Heureusement, il avait reçu une bonne éducation ; aussi, quand il fut appelé à être soldat, il ne tarda pas à devenir sergent. A son retour du service, il se maria à une jeune fille pauvre comme lui, mais vertueuse, capable et passablement instruite. Il devint père de plusieurs enfants, qui se plaçaient dans les fermes voisines, comme domestiques, à mesure que leurs forces le leur permettaient. Toute la famille se conduisait parfaitement et tous étaient réputés pour leur probité. Un riche propriétaire qui possédait, dans le pays, plusieurs métairies fort mal cultivées, vint un jour trouver le curé de la paroisse, et lui demanda s'il ne pourrait pas lui trouver un fermier plus éclairé que les siens. Le curé lui dit : J'en connais un qui a une nombreuse famille, c'est un parfait honnête homme et très-capable, tous ses enfants se conduisent bien et sont en état de travailler ; mais, malheureusement, ils n'ont pas le moyen de se monter dans

une

une ferme. Puisque ce sont d'honnêtes gens, si le père est vraiment capable, comme vous le dites, je me chargerai bien de fournir le capital; je ne leur demanderai que leurs bras. On fit venir le brave père de famille; le propriétaire comprit tout de suite à qui il avait affaire. Bref, il lui donna une de ses fermes, avec tout ce qui était nécessaire pour la faire marcher. Le fermier, voyant que son propriétaire était à même de le diriger, suivit ses conseils : bientôt la ferme fut une des mieux tenues du pays; l'honnête famille remboursa ce qu'elle devait, et maintenant elle est fort à l'aise. Les autres métayers ont eu l'esprit de suivre la même voie, et tout le monde s'en trouve très-bien.

Deuxième exemple. Un bon fermier de notre pays jouissait de toute la confiance de ses maîtres, qu'il avait méritée par un grand nombre d'années de bonnes relations. Quand vint l'époque de la grande révolution, les maîtres furent forcés de quitter le pays. Obligés de se déguiser et de se séparer, ils ne purent prendre avec eux qu'une partie de leur argent; le reste, ainsi que toute l'argenterie et les titres de propriété, furent mis dans une grande caisse. Le fermier fut mandé au château. Son maître lui dit : Mon ami, nous partons; je suis obligé de laisser dans cette caisse une partie de mon avoir et tous mes titres de propriété : veux-tu t'en charger? Si nous revenons et que tu puisses la conserver, tu nous la remettras; dans le cas contraire, tu en disposeras comme tu voudras. Le bon fermier vint dans la nuit, avec une petite charrette, prendre la caisse, sans en rien dire à personne qu'à sa femme, sur la discrétion de laquelle il pouvait compter. Il enterra cette précieuse caisse dans le milieu d'un champ, près de la maison ; ce champ était labouré fraîchement, de manière qu'on pouvait y faire un trou, sans qu'on pût s'en apercevoir. Il fut six ans sans recevoir aucune nouvelle ; au bout de ce temps, il reçut une lettre qui lui annonçait le retour de ses maîtres. Il alla s'assurer que la caisse était toujours là, ce qu'il avait fait plusieurs fois pendant les six années. Quelques jours après, le propriétaire arriva ; mais comme il n'avait pas reçu de réponse, il n'était pas sans inquiétude, non sur la probité de son fermier, mais sur les accidents qui auraient pu arriver. Mais aussitôt que son fermier le vit, il s'écria : Bonjour, notre maître ; tout va bien, rien n'est perdu. Le maître l'embrassa et le remercia cordialement ; il était d'autant plus heureux de retrouver cette caisse intacte, qu'il se trouvait à bout de ressources. On profita de la nuit pour porter la caisse à la ville voisine, où était la famille, le château étant encore sous le séquestre. La famille noble rentra dans une partie de ses biens, et il s'établit entre elle et la famille du paysan une affection solide et durable ; de manière que les petits-enfants du fermier sont les fermiers des petits-enfants de l'émigré.

Troisième exemple. Un pauvre journalier de campagne trouva un jour une cassette contenant une somme considérable, qu'il s'empressa de porter chez son curé, afin qu'il fît les démarches nécessaires pour trouver le propriétaire. Ce qui ne fut pas difficile ; car quelques heures après, un homme, envoyé par celui qui avait perdu la précieuse cassette, vint demander au curé des renseignements. Le curé s'empressa de la remettre, en faisant savoir à son propriétaire que celui qui l'avait trouvée était un pauvre journalier, père d'une nombreuse famille. Le propriétaire, homme généreux, plaça cet honnête journalier comme gardien dans un de ses châteaux, prit ses enfants à son service, et la famille se trouva bientôt dans l'aisance.

Quatrième exemple. Un très-honnête garçon, de ma connaissance, un peu trop amoureux du bon marché, acheta un jour, pour quatre francs, un pantalon qui en valait douze. Il fut reconnu que le pantalon avait été volé. Notre acheteur perdit ses quatre francs et fut condamné à un mois de prison.

Cinquième exemple. Un individu ayant trouvé une bourse, dans laquelle il y avait trois cents francs, se l'appropria. Il fit avec cet argent plusieurs spéculations qui tournèrent mal, et il fut bientôt plus pauvre qu'auparavant. Pour comble de malheur, il fut découvert et condamné à restituer : ce qu'il ne pouvait faire. Il eut beau protester qu'il ne savait pas à qui était cet argent; comme le contraire fut prouvé, il fut condamné à la prison, et perdit l'estime dont il avait joui jusques-là : punition bien méritée.

Bien des gens pensent, dans notre pays, que, prendre du cidre ou autres boissons appartenant à autrui, ce n'est pas voler. C'est une erreur : il n'est pas plus permis de prendre de la boisson qu'autre chose. Les domestiques qui le font commettent un vol de confiance.

CHAPITRE V.

Du gouvernement moral de la famille et des serviteurs. — Du rôle de la femme dans la ferme.

> Est-il rien de plus touchant, de plus digne d'intérêt que la vue d'une honnête famille de cultivateurs chrétiens, dont tous les membres remplissent exactement leurs devoirs ?

Pères et mères, maîtres et maîtresses, vous avez de grandes obligations, de grands et importants devoirs à remplir envers vos enfants et envers vos serviteurs. Une grande responsabilité morale pèse sur vous, aux yeux de Dieu et aux yeux des hommes. Ce n'est donc qu'après de mûres réflexions, et après avoir sérieusement examiné si l'on est capable de remplir sa mission, qu'il faut songer à devenir chefs de famille. Bien peu de gens comprennent, lors de leur mariage, les grandes obligations qu'ils contractent. Je sais, mes chers amis, que vos vénérables et vigilants pasteurs vous rappellent souvent vos devoirs de pères et de mères, de maîtres et de maîtresses ; mais, quoi qu'il en soit, comme les bonnes choses ne peuvent jamais être trop répétées, permettez-moi de vous en dire encore quelques mots, à notre point de vue spécial.

Le premier de vos devoirs comme pères et mères, maîtres et maîtresses, c'est le bon exemple. Quand vos enfants et vos domestiques vous verront exacts à remplir vos devoirs religieux, assidus au travail ; quand ils vous verront justes, affables, obligeants et polis envers tout le monde ; quand ils ne vous entendront ni jurer, ni mal parler du prochain, ni prononcer des paroles sales ou grossières ; quand ils verront que vous évitez les cafés et les cabarets, que vous n'allez point, sans nécessité, courir les foires et les marchés, ils vous imiteront. Les avis que vous donnerez, les réprimandes que vous adresserez, seront écoutés. Nul n'osera se soustraire à l'obéissance ; et si quelqu'un le tentait, vous seriez en droit de parler haut et ferme, car vous n'auriez pas, comme cela arrive malheureusement trop souvent, à craindre la critique de votre conduite, personne ne pouvant opposer vos actes à vos paroles. Que de chefs de famille se trouvent dans une fausse position, quand ils veulent réprimer les abus, parce qu'ils n'ont pas su se maintenir dans la ligne du devoir !

Le second de vos devoirs, c'est de donner à vos enfants une éducation chrétienne solide et une instruction suffisante. Ce devoir, en ce qui concerne l'instruction, n'est pas rempli par tous les pères et mères, surtout quand il s'agit des filles ; on pense qu'elles n'ont pas besoin d'instruction. Eh bien ! moi, je vous dis que celles qui sont appelées à devenir mères de famille, à élever des enfants, à gouverner une maison, ont au moins autant besoin d'instruction que les hommes. Comment voulez-vous qu'une mère de famille, qui croupit dans une ignorance complète, puisse donner de bons principes à ses enfants? Comment leur enseignera-t-elle leurs devoirs, si elle ne connaît même pas les siens ?

Pères et mères, inspirez de bonne heure à vos enfants l'amour et la crainte de Dieu, qui sont le commencement de la sagesse ; enseignez-leur à prier ; donnez-leur, dès leur plus bas âge, des sentiments de piété, de justice et de charité. Une fois les bonnes habitudes prises, on ne les perdra pas facilement ; et si l'on s'en écarte quelquefois, on y revient. Ayez sans cesse les yeux ouverts sur vos enfants, non-seulement pour que leurs pieds ne se blessent pas aux pierres du chemin, mais pour que leur esprit ne reçoive pas de fâcheuses impressions, pour que le mal n'entre pas dans leur cœur. Si vos soins matériels peuvent diminuer à mesure que vos enfants grandissent, il n'en est pas de même de votre surveillance morale, qui doit être d'autant plus vigilante que l'âge où les passions se développent est arrivé. Si vous voulez que vos enfants vous aiment et vous écoutent, inspirez-leur de la confiance, traitez-les avec douceur, cherchez plutôt à vous faire aimer qu'à vous faire craindre ; n'employez le châtiment corporel que le moins possible ; cependant, quand il y aura lieu de punir, sachez être fermes, mais justes : les punitions infligées mal à propos sont plus nuisibles qu'utiles.

Maîtres et maîtresses, apportez le plus grand soin, la plus grande attention dans le choix de vos domestiques ; informez-vous bien de leur conduite, de leur moralité ; sans cela, vous vous exposez à introduire dans vos familles la corruption, et par suite le déshonneur. Le danger des mauvais domestiques est bien plus grand pour les enfants dans les campagnes que dans les villes ; ici, il y a entre eux et les enfants une ligne de séparation qui diminue le danger. Dans la ferme, au contraire, ils font partie de la famille ; ils sont sans cesse en contact avec les enfants, ils vivent avec eux dans une familiarité complète : là est le danger. Que de jeunes gens et que de jeunes personnes ont été victimes de leur familiarité avec de mauvais domestiques !

Oh ! que la mission de la femme est grande dans la famille, quand elle est saintement et noblement remplie ! Mais c'est surtout dans la famille du cultivateur qu'elle est admirable. Là, il faut que la femme soit tour-à-tour ange de prière, arbitre de paix et de conciliation, sœur de charité, conseillère dévouée et expérimentée, surveillante attentive, institutrice ingénieuse ; souvent, hélas ! modèle de patience, de courage et de résignation. Si, à toutes ces fonctions affectueuses, elle sait allier tous ses autres devoirs de mère, d'épouse et de maîtresse de maison ; si, ménagère vigilante et attentive, elle sait faire régner dans son ménage l'ordre, l'économie, la propreté ; si elle sait relever la frugalité de sa table par une préparation saine, appétissante et variée des aliments ; si, avec tout cela, elle est douce et gaie, ne peut-on pas dire avec raison qu'elle est l'honneur et la joie de la maison, la providence visible de la famille ? Pour que la femme comprenne ainsi sa mission, il faut qu'elle ait reçu une éducation profondément chrétienne et une instruction suffisante, qu'elle aime sa maison et qu'elle sache la faire aimer de son mari, de ses enfants, de ses serviteurs ; il faut, en un mot, qu'elle prenne pour modèle la femme forte de l'Ecriture, celle que nous peint le livre de la Sagesse et qu'il nous dit *n'être pas moins précieuse que les choses les plus rares qui nous viennent des pays lointains*. Dévouement, sacrifice, abnégation, voilà le partage de la mère de famille.

Mères de famille, vous devez surveiller constamment tous vos enfants ; mais ce sont surtout vos filles et vos servantes qui doivent être l'objet de votre plus constante sollicitude. Habituez-les, de bonne heure, à la piété, à la modestie, au travail, à l'accomplissement de tous leurs devoirs ; exigez d'elles une tenue décente et modeste, qui puisse en imposer à ceux qui voudraient sortir, à leur égard, des bornes de l'honnêteté ; ne souffrez jamais que qui que ce soit se permette envers elles ces familiarités déplacées, ces libertés grossières qu'on prend trop facilement dans nos campagnes. Veillez à ce qu'elles ne prennent part à aucune conversation mauvaise, à ce qu'on ne tienne devant elles aucun propos grossier ou déshonnête, à ce qu'on ne chante en leur présence aucunes de ces chansons immorales ou à double sens, que des empoisonneurs publics s'efforcent de répandre parmi le peuple des campagnes pour le pervertir. Ne souffrez jamais qu'on introduise chez vous aucun livre, aucun écrit, aucun journal, que vous ne l'ayez fait examiner par une personne compétente ; ne vous fiez pas aux titres : on voit souvent des livres très-immoraux porter les titres les plus innocents, ce qui les rend d'autant plus dangereux qu'on les lit avec confiance, et que le plus souvent une fatale curiosité ne permet plus de s'arrêter à temps. Ne permettez jamais ni à vos filles ni à vos servantes d'assister à ces danses nocturnes, à ces réunions dangereuses, à ces veillées qui se tiennent loin de chez vous ; quand vous leur permettez d'aller aux pardons, aux foires, d'assister aux noces, aux réunions de familles, accompagnez-les, autant que vous le pourrez, ou du moins faites-les accompagner par des personnes de confiance. Que de pauvres mères ont eu à déplorer, pendant le reste de leur vie, leur manque de surveillance envers leurs filles ! Ne détournez point, pour la toilette de vos filles, l'argent appartenant au ménage : ce serait commettre une faute grave.

Quant à vos devoirs d'épouses, vous les remplissez généralement ; cependant, permettez-moi de vous donner encore à cet égard quelques conseils. Si vos maris s'écartent quelquefois de la bonne voie, souvenez-vous que la patience et la douceur sont les meilleurs moyens de les y faire rentrer. Surtout ne faites jamais d'observations quand ils sont ivres ou en colère ; attendez que le calme soit revenu pour parler ; exposez alors vos raisons avec modération : ne discutez pas, vous perdriez votre temps et vous vous exposeriez à des brutalités. Si l'on ne vous écoute pas, ce qui vous reste à faire, c'est de vous résigner et de prier pour les pauvres égarés. Usez aussi de douceur à l'égard de ceux de vos fils qui se conduiront mal, quand ils ne seront plus d'âge à ce que vous puissiez les punir.

Pour vous, pères de famille, votre surveillance doit, comme celle de vos femmes, s'étendre à toutes les personnes de votre maison ; mais ce sont spécialement vos fils et vos garçons de ferme qui doivent être l'objet de votre incessante attention. Vous les habituerez, de bonne heure, à l'obéissance et au respect, à l'accomplissement de leurs devoirs religieux ; vous ne leur permettrez ni la fréquentation des cafés, ni celle des cabarets, ni celle des réunions de joueurs ; vous leur interdirez ces courses nocturnes, si communes parmi les jeunes paysans bretons, et qui ont souvent de si funestes conséquences pour eux. Vous exigerez que tout le monde rentre à l'heure fixée par vous, et vous aurez soin de vous assurer que vos ordres à cet égard sont exécutés : un bon moyen de constater la présence de tout le monde, ce serait de faire la prière du soir en commun, et d'exiger que tout le personnel de la ferme y assiste. Vous ne souffrirez ni les jurements, ni les blasphêmes, ni les paroles déshonnêtes, sales ou grossières ; vous tiendrez à ce que tout le monde soit au travail aux heures indiquées ; vous donnerez vos ordres avec calme et réflexion, puis vous exigerez qu'on s'y conforme, et que chacun s'acquitte convenablement de la besogne que vous lui aurez assignée ; vous réprimanderez, quand il y aura lieu, avec modération, sans colère et sans propos grossiers ; mais avec fermeté, justice et discrétion ; vous punirez ceux de vos enfants qui se conduiront mal, et vous congédierez, sans aucune considération, tout domestique désobéissant ou de mauvaise conduite, quand il aurait par ailleurs les meilleures qualités.

Quant à vos devoirs d'époux, je vous dirai : Aimez et respectez vos femmes ; traitez-les avec tous les égards que méritent les mères de vos enfants, celles qui partagent vos peines, qui vous soignent dans vos souffrances, celles que vous avez promis à Dieu d'aimer, de protéger, auxquelles vous avez promis devant la loi assistance et protection.

Enfants et serviteurs, soyez respectueux, soumis et obéissants envers vos pères et mères, vos maîtres et maîtresses ; remplissez exactement tous vos devoirs envers Dieu, envers vous-mêmes, envers la société ; faites tous vos efforts pour vous instruire dans votre religion et pour vous perfectionner dans votre profession.

Jeunes filles, soyez soumises et pieuses ; n'oubliez jamais que la pudeur, la modestie, la piété et la bonne tenue sont les plus beaux ornements d'une jeune personne. Ne contractez jamais ces goûts de frivolité et de toilette, qui ont causé la perte de tant de jeunes filles. Ayez des vêtements propres, bien faits, bien portés ; mais sachez rester dans les bornes de votre condition. Lisez les conseils que nous avons donnés à vos mères, et conformez-vous-y en tout ; rappelez-vous que si vous voulez être respectées et considérées, il faut vous respecter vous-mêmes.

Jeunes gens, soyez sages et rangés; fuyez les cafés, les cabarets et les mauvaises compagnies; sachez respecter vos parents, honorer les vieillards et les femmes; soyez respectueux pour vos pasteurs et pour ceux qui ont autorité sur vous. Si vous devenez soldats, ayez toujours pour devise : Religion, honneur, patrie. Quand le moment sera venu de vous choisir une compagne, attachez-vous plutôt à la sagesse, à la piété, à la modestie, qu'à la fortune et à la beauté. Suivez en tous points les conseils que nous avons donnés pour vous à vos pères.

Cultivateurs chrétiens, pères, mères, enfants, maîtres, serviteurs, pratiquez toujours le respect et l'amour de la religion. Aimez la famille : là, là seulement est le bonheur. Que les cultivateurs restent unis à leurs prêtres, et la société ne périra pas !

CHAPITRE VI.

Un mot sur l'Economie politique et sur le Socialisme.

Religion, famille, propriété,
Voilà la base de la société.

La solution de toutes les questions qui se rattachent à l'organisation et à la conservation des sociétés se trouve écrite, en toutes lettres, dans l'Evangile, et elle n'est que là.

Mes chers cultivateurs, je ne vous aurais point parlé, dans ce petit livre écrit sans prétention et dans lequel je tiens à ne mettre que des choses à votre portée, de cette science prétendue nouvelle que l'on appelle *économie politique* ou *économie sociale*, si je n'avais dû vous entretenir, dans sa seconde partie, de l'économie rurale, qui est une des branches de l'économie politique ; et si surtout je n'avais tenu expressément à vous mettre en garde contre les doctrines subversives appelées doctrines socialistes. Les ennemis de l'ordre et de la société présentent ces doctrines aux gens peu instruits comme conséquence de l'économie sociale, et ils cherchent à les répandre parmi vous, en profitant du commencement d'instruction que vous avez reçue, pour vous pervertir, par la lecture de leurs mauvais livres, de leurs journaux immoraux, de leurs déplorables publications de toutes sortes, qui pénètrent jusques dans vos campagnes les plus reculées, par le moyen de ces empoisonneurs publics dits colporteurs de librairie, qui ont aussi pour mission de faire, dans les cabarets, des prédications socialistes à l'usage des gens qui ne savent pas lire.

Voyons d'abord ce qu'on entend par les mots économie sociale ou économie politique, ce qui est à peu près la même chose ; puis nous examinerons les conséquences qu'en déduisent les socialistes.

L'économie sociale est une science qui traite de l'organisation des sociétés. Pour le chrétien, elle a son côté moral et son côté matériel. Les économistes modernes, et particulièrement les socialistes, dont les idées sont trop plongées dans la fange de la matière pour s'élever à la hauteur des questions morales, la définissent la science qui a pour but l'étude des moyens de satisfaire aux besoins corporels de l'homme, et d'augmenter son bien-être matériel. Elle cherche à connaître les sources des richesses publiques ; elle étudie les lois qui président à leur production, qui règlent leur échange, leur répartition entre les divers individus qui ont coopéré à leur production, suivant la part qu'ils y ont prise. Cette science, envisagée même à ce point de vue, n'a en elle-même rien de mauvais ; mais son danger est dans les fausses conséquences que les socialistes en déduisent, en la réduisant à son côté matériel.

On nous présente l'économie sociale comme une science nouvelle, parce qu'il n'y a que peu de temps qu'on a commencé à réunir ses principes en corps de doctrine ; mais il n'en est pas moins vrai qu'elle est aussi ancienne que le monde. Dieu a établi les lois qui régissent les rapports des hommes entre eux, dès le commencement des siècles ; ces lois se trouvent dans l'ancien Testament, et notamment dans le Décalogue (les dix commandements de Dieu). Le Christianisme les a perfectionnées et complétées. Les socialistes croyaient avoir trouvé, dans l'économie sociale, des armes formidables contre la religion catholique ; et voilà que Dieu a permis que l'étude des lois économiques, faite par des hommes incrédules, mais d'un jugement droit, et qui cherchaient la vérité de bonne foi, est venue démontrer, de la manière la plus formelle, que les doctrines catholiques sont les doctrines les plus favorables au développement et à l'amélioration des sociétés, même au point de vue matériel. N'est-ce pas, en effet, la religion catholique qui, depuis bientôt dix-neuf siècles, civilise le monde ?

Ce qui fait la force de la religion catholique, c'est qu'elle a pour base cette loi si simple et si sublime de son divin fondateur : *Aimez-vous les uns les autres ;* c'est que, comme conséquence de ce principe fondamental, elle dit aux riches : « Soyez bons et charitables envers les pauvres ; » aimez-les, secourez-les, consolez-les ; compatissez à leurs misères, car ils sont vos frères ; » comme vous, ils ont été rachetés au prix du » sang de Jésus-Christ, qui vous tiendra compte,

» dans l'autre vie, de tout le bien que vous leur » aurez fait, comme si vous le lui aviez fait à lui-» même, et qui punira de peines éternelles la dé-» sobéissance à cette loi. » Puis, s'adressant aux pauvres, la religion catholique leur dit : « O vous! » qui souffrez ici-bas, qui êtes les déshérités dans » ce monde passager, vos misères n'auront qu'une » courte durée. Si vous savez les supporter avec » patience, courage et résignation, elles seront » pour vous une source de félicités éternelles ; si » vous savez repousser de votre cœur tout senti-» ment de convoitise, de jalousie contre les ri-» ches, si vous êtes reconnaissants du bien qu'on » vous fera, vous serez les premiers dans le royau-» me de Dieu, dans le royaume qui ne passera » pas. » La charité du riche, la gratitude et la résignation du pauvre, l'amour, l'abnégation et le dévouement de tous, voilà les véritables liens sociaux.

Voyons maintenant ce que sont les doctrines socialistes ; comparons-les à celles que nous venons d'exposer, et jugeons.

Les socialistes se divisent en plusieurs sectes, qui sont loin d'être d'accord entre elles, mais qui cependant ont toutes un but commun : la destruction de la société actuelle, sur les ruines de laquelle ils veulent en établir une autre à leur manière, ou plutôt à leur profit. Toutes veulent détruire la religion, abolir la famille, confisquer la propriété ; car elles savent bien que ce sont là les bases fondamentales de la société, et par conséquent les plus grands obstacles à la réalisation de leurs projets. Ils se gardent bien de vous faire connaître leur véritable but ; car ils savent que, si vous le connaissiez, vous repousseriez avec indignation leurs funestes principes. Mais, pour vous gagner, ils commencent par exciter votre convoitise, votre jalousie, par flatter votre orgueil ; ils vous montrent les riches et les puissants comme des tyrans, qui s'entendent pour vous maintenir sous le joug, qui s'engraissent de vos sueurs, qui s'enrichissent à vos dépens et qui vous méprisent. Ils se gardent bien, quand ils s'adressent à vous, cultivateurs bretons, qui avez le bonheur d'avoir conservé votre foi, d'attaquer de front la religion. Ils vous disent même que le Christ était un grand homme, un grand citoyen ; que sa morale est excellente, mais qu'elle a été faussée par les prêtres qui l'ont interprétée à leur profit ; ils vous montrent les prêtres comme des hommes avides d'argent, qui s'entendent avec les riches et les puissants pour vous exploiter. C'est ainsi qu'ils veulent vous enlever toute confiance dans les honnêtes gens. Ils font comme le démon : ils veulent diviser pour régner. Puis, comme ils connaissent parfaitement le côté faible de notre pauvre nature humaine, ils nous prêchent les satisfactions et toutes les jouissances matérielles qui devront être la conséquence de la réalisation de leurs doctrines. C'est ainsi qu'ils s'y prennent pour faire de nous des instruments faciles dont ils se serviraient pour arriver à leurs fins, et qu'ils briseraient ensuite.

Voici, mes bons amis, en quoi consistent les doctrines des socialistes :

Les uns nient Dieu. Il en est qui ont osé admettre comme principe cet horrible blasphème : *Dieu, c'est le mal* !!! Il en est d'autres qui disent : Si Dieu existe, il s'occupe fort peu de nous, et nos actions lui sont complètement indifférentes. Suivant eux, l'homme a été créé pour se procurer la plus grande somme possible de jouissances matérielles ; donc les religions qui prêchent la comprestion des passions sont des niaiseries, des absurdités. Quant à l'âme, si quelques-uns de ces grands philosophes nous font l'honneur de nous en reconnaître une, elle ne tient pas grand place dans leurs écrits. « Rions, chantons, buvons, mangeons, jouissons, dit cette troupe impie ; puis après, advienne ce que pourra. » Voilà les doctrines religieuses de ces gens-là. Quant à la famille, les uns ne veulent pas de mariage indissoluble ; d'autres vont plus loin : ils disent que la famille est une charge trop lourde, dont il faut se débarrasser, en mettant femmes et enfants en commun. Sous ce beau régime, vos enfants, élevés comme ces malheureux enfants sans famille qui peuplent nos hospices, ne connaîtraient plus ni pères, ni mères, ni frères, ni sœurs ; plus de liens de parenté, plus d'affections de famille. Quant aux conséquences de ce communisme abominable, de cette dégoûtante promiscuité, ma plume se refuse à les mettre sous vos yeux ; je croirais, en les écrivant ici, manquer au respect que je vous dois, à celui que je me dois à moi-même ; je craindrais de blesser les saintes lois de la pudeur ; non, je ne remuerai point ce tas d'ordures ! Pour ce qui est de la propriété, les uns disent qu'il faudrait la mettre aussi en commun ; les autres disent qu'il faudrait la partager également entre tous. Il faut être bien aveugle, pour ne pas voir que ces systèmes sont impossibles, et que c'est la confiscation de la propriété, à leur profit, que ces gens-là cherchent ; ils ne veulent la réalisation de leurs doctrines que pour se gorger des dépouilles des riches, et une fois qu'ils seraient les maîtres, ils seraient les plus rapaces, les plus sordides des propriétaires. Nous en avons eu maints exemples dans nos temps de troubles et de spoliations révolutionnaires.

Ce serait tout de même une belle chose que le partage égal des richesses, disait un brave ouvrier de ma connaissance, si cela pouvait durer : ce serait une magnifique idée, mais il ne serait pas possible que cela tienne plus de huit jours ; car, tous les lundis soir, les cabaretiers seraient plus riches de la dépense faite chez eux par leurs clients socialistes, qui, pour la plupart, sont animés d'une grande dévotion à saint *Lundi*. Il faudrait donc recommencer le partage tous les mardis matin, à moins qu'on n'établisse des buvettes communes et sociales, où chacun pourrait se désaltérer à cœur joie aux frais du public.

Le partage égal des richesses conviendrait beaucoup à ceux qui auraient à prendre ; mais quand il s'agirait de donner, ce serait une autre affaire. Voici un exemple de la générosité de ces gens-là :

Trois paysans bretons s'en allaient du marché ; l'un d'eux, nommé Penvidic, que ses voisins appelaient le Docteur, était propriétaire d'une tenue composée d'une maison et d'une dizaine d'hectares de terre labourable ; c'était un de ces prétendus savants, ayant lu beaucoup de mauvaises choses, faisant à tort et à travers de l'opposition à son curé, qui avait eu le tort très-grave, non pas de lui dire, mais de lui prouver qu'il n'était qu'un sot, en trois lettres. Un des autres, qu'on appelait dans le pays Pearu, était un de ces journaliers coureurs, qui vont chercher dans les autres contrées de la France des salaires plus élevés, et qui rapportent souvent de leurs voyages de très-mauvais principes. Enfin, le troisième, qui s'appelait Pierre Coz, était un de ces honnêtes et laborieux journaliers, homme religieux, comme, grâces à Dieu, il s'en trouve encore beaucoup dans notre chère Bretagne. On se mit à deviser des affaire du temps. — Eh bien! dit le docteur, qu'est-ce que tu nous as rapporté de nouveau de ton voyage, Penru? — Ah! bien des choses, dit celui-ci. On parle surtout d'une affaire qui doit avoir lieu, dit-on, prochainement; ça m'irait parfaitement, à moi, cette affaire-là. — Oh! je parie que je sais ce que c'est, dit Pinvidic : tu veux parler du partage égal des biens. J'ai entendu, ce matin, au café des Amis, un monsieur à moustaches grises, qui m'a fait l'honneur d'accepter un petit verre que je lui ai offert, dire de fort belles choses là-dessus. « Il est bien temps, disait-il, » qu'on fasse rendre gorge à ces coquins de riches » qui, depuis si longtemps, vivent aux dépens » des malheureux travailleurs; qu'on se soustraie » au joug abrutissant que nous imposent les prê» tres pour revenir à la véritable religion natu» relle. » Pour moi, je suis bien d'avis que nous ne nous laissions pas mener par les prêtres, qui nous trompent, et qu'on prenne le bien de ceux qui en ont trop pour le donner à ceux qui n'en ont pas assez. Ah! si cela avait lieu, il y a dans mes terres certain pré et certain verger, appartenant au comte de S., qui possède des centaines d'hectares; ces deux pièces me conviennent à merveille, à moi, qui n'ai ni pré, ni verger; aussi, je ferai tout mon possible pour les avoir. — Doucement, dit Penru, vous êtes dans l'erreur, mon cher; car, d'après ce que l'on m'a dit, quand les terres seront partagées entre tout le monde, chacun n'en aura pas autant que vous en avez maintenant; car le camarade Pierre Coz et moi, qui n'avons rien à mettre à la masse, nous aurons notre lopin comme les autres; et comme il se trouve un grand nombre de gens dans le même cas que nous, vous comprenez que cela diminuera d'autant la part de chacun ; d'où je conclus qu'au lieu d'avoir à prendre, vous aurez à rendre, ce qui, probablement, ne ferait pas aussi bien votre affaire ; mais, d'un autre côté, si vous faites bien les choses, on vous citera au nombre de ceux qui auront sacrifié leur intérêt particulier à celui de la patrie ; et, si j'étais à votre place, je m'estimerais très-heureux d'avoir une si belle occasion de montrer mon patriotisme, et prouver que je sais mettre en pratique les doctrines que je prêche. — Je vois, mauvais sujet de Penru, dit Pierre Coz, que tu te moques un peu de notre camarade Pinvidic ; cependant, ce que tu dis, est vrai au fond. Quant à moi, le partage des biens ne me va pas : d'abord, parce que j'ai vu quelque part : *Bien d'autrui tu ne prendras*, et même, *bien d'autrui ne convoiteras ;* ensuite je doute fort que la petite portion de terre qui me reviendrait me mette aussi à l'aise que le travail que mes garçons et moi trouvons chez M. le comte de S. et chez les autres gens riches et aisés du pays. — Vous avez raison, Pierre Coz, s'empressa de dire Pinvidic; ce partage aurait une foule d'inconvénients auxquels je n'avais pas réfléchi. — C'est cela, dit Penru, le partage des biens était très-fort du goût de Pinvidic, quand il pensait qu'il n'aurait qu'un mot à dire pour prendre le pré et le verger du comte de S. ; mais du moment qu'il aurait à donner une portion de son cher patrimoine, à ceux qui ne possèdent pas, le système ne vaut plus rien ; voilà comme sont ces braves gens-là : tout pour eux, rien pour les autres. — Tant pis pour eux, il fallait qu'ils réfléchissent aux conséquences avant de nous amener l'eau à la bouche par leurs prédications ; nous saurons bien les forcer à pratiquer leurs doctrines quand le moment sera venu.

C'est ainsi, mes amis, que raisonnent et agissent les socialistes; ils sont jaloux, envieux de tout ce qui est au-dessus d'eux, par le mérite, le rang, la fortune; mais ils méprisent souverainement tous ceux qu'ils regardent comme au-dessous d'eux. Vous connaissez maintenant, mes chers cultivateurs, le socialisme et les socialistes, et je suis convaincu, qu'entre eux et les catholiques, votre choix ne sera pas douteux. Puissé-je ne pas me tromper!

Je sais bien qu'on me dira: les sociétés catholiques sont bien loin d'être aussi parfaites que vous le dites; on y voit bien des abus, et il existe bien des misères, des souffrances qui ne sont pas soulagées. Cela est vrai; mais ce n'est pas la faute de la doctrine. Cela tient à ce qu'il y a une foule de gens, qui n'étant plus catholiques que de nom, et ne songeant qu'à amasser du bien, sont devenus des égoïstes; et, malgré cela, il est bien certain que c'est encore parmi les catholiques qu'on trouve le plus de charité et de dévouement pour les malheureux. Qu'on cherche dans les pays non catholiques quelque chose qui approche de nos institutions charitables; trouvera-t-on chez les peuples protestants et autres non catholiques, quelque chose qui approche du dévouement de la sœur de charité, du frère de Saint-Jean-de-Dieu, et de tous les ordres religieux qui se dévouent au soulagement des malheureux et à l'éducation des enfants du peuple, etc.? Qu'on compare la vie du missionnaire catholique à celle du missionnaire protestant, et l'on verra où est la supériorité.

On me dira encore qu'on voit parmi les catholiques des ivrognes, des gens de mauvaise foi, des libertins. Sans doute, il se trouve de ces gens-là parmi nous, comme il se trouve de l'ivraie parmi le bon grain ; mais ceux-là aussi ne sont catholiques que de nom : ils ont abandonné la pratique de leur religion pour se livrer à leurs honteuses passions ; mais, Dieu merci, c'est le petit nombre, et les catholiques peuvent dire que, si la justice et la probité existent dans le monde, on les trouve au plus haut degré chez ceux qui pratiquent exactement leur religion. L'on ne peut donc rien conclure de ces défections partielles contre la religion catholique.

Si nous examinons maintenant les doctrines socialistes au point de vue purement matériel, il nous sera facile de démontrer que les socialistes eux-mêmes, du moins ceux qui ont un peu de bon sens, ne croient pas à la possibilité de leur système. Comment, en effet, supposer une société sans famille et sans propriété. Ce serait un édifice sans fondement. Comment un homme voudrait-il faire des économies, s'il n'était pas certain d'en avoir la propriété, la libre disposition, et de la transmettre ensuite à sa famille.

Le grand mobile de l'épargne c'est l'amélioration de la position de la famille, en lui transmettant les fruits de son travail sous forme de propriété mobilière ou d'immeubles. Supprimer la famille et la propriété c'est d'un même coup supprimer l'épargne et l'émulation au travail, qui n'ont plus d'autre raison d'être que l'intérêt commun. Or, quand une société sans religion, sans notion du devoir n'aura d'autre mobile que l'intérêt commun, il est bien évident que ce ne sera pas à qui y travaillera le plus. On craindra toujours d'en faire plus que les autres, et bientôt le travail restera au-dessous des besoins, et Dieu sait ce que deviendront les promesses de goinfrérie et de satisfactions de toutes sortes, tant prônées par les apôtres de la nouvelle doctrine, et comment elles réussiront. Les quelques exemples d'application du système qui ont eu lieu en France et en Algérie, ne sont pas de nature à inspirer une grande confiance.

Le droit de propriété est un droit aussi ancien que le monde ; il repose sur des bases excessivement justes, et la preuve c'est que Dieu nous fait une loi, dans le septième commandement, de respecter la propriété d'autrui ; loi qui est confirmée par le dixième commandement, qui nous défend même la convoitise du bien d'autrui, parce que Dieu sait combien la convoitise, non réprimée, pousse au mal.

La propriété est le fruit de nos épargnes ou de celles de nos ancêtres qui nous l'ont transmise ; elle est juste dans son principe, et nul n'a le droit d'y porter atteinte sans enfreindre les lois divines et humaines. Donc chacun doit avoir la liberté d'en disposer comme il lui convient, sauf les restrictions que les lois apportent à l'exercice de ce droit, dans l'intérêt de la morale ou de l'utilité publique.

Puissent, mes chers cultivateurs, ces conseils moraux que je me suis permis de vous donner dans cette première Partie, être goûtés et appréciés par vous ! Puissiez-vous, en les mettant en pratique, attirer sur vous les bénédictions de Dieu, la confiance et la considération des hommes, et j'aurai atteint mon but ! Aussi bien, mes amis, j'ai hâte d'arriver aux questions agricoles, car je sais que là je serai bien mieux sur mon véritable terrain, et par conséquent plus à l'aise avec vous.

A. M. D. G.

DEUXIÈME PARTIE.

CONSEILS AGRICOLES.

CHAPITRE Ier.

Notions générales d'économie rurale.

> L'économie rurale est la partie la plus importante de la science agricole ; cependant c'est la moins connue, la moins étudiée, la moins appréciée.

L'économie rurale est la partie de l'économie politique, qui traite de la production agricole, et par conséquent de la source la plus importante et la plus certaine de la richesse publique. Suivant moi, l'économie rurale doit se diviser en deux parties : l'une qui traite de la propriété du sol, des droits et des devoirs de propriétaire; l'autre qui traite de l'exploitation du sol. Je vous dirai d'abord un mot de la première partie, en ce qui touche au droit de propriété, que je n'ai fait qu'indiquer dans le chapitre précédent.

Le droit de propriété consiste à user, comme il nous convient, de la chose qui nous appartient, sauf les restrictions que, dans l'intérêt de la morale et de l'utilité publique, les lois apportent à l'exercice de ce droit. Les restrictions morales sont de ne ne pas faire de sa propriété un usage contraire à la morale publique ou aux intérêts des autres.

Les restrictions d'intérêt public, sont : l'expropriation pour cause d'utilité publique ; les lois sur la chasse, sur l'exploitation des mines et des carrières ; les lois sur les défrichements des bois, sur la culture du tabac, etc.

Les lois restrictives de la propriété, en faveur des particuliers, sont : celles qui règlent la quotité dont on peut disposer par testament dans certain cas ; celles qui concernent les servitudes, les hypothèques, etc. Il suffit de lire les lois pour reconnaître qu'elles sont justes et opportunes. Les propriétés se divisent en meubles ou propriétés mobilières, et en immeubles ou propriétés immobilières. On appelle immeubles, les terres, les bâtiments et tous les objets qui tiennent au sol et ne peuvent en être séparés sans subir une détérioration. Les récoltes elles-mêmes sont immeubles, jusqu'à leur maturité. On appelle propriétés mobilières, les meubles, ustensiles, outils, bestiaux, et généralement tous les objets pouvant être transportés sans détérioration. L'argent et les rentes sur l'Etat, ou sur les particuliers sont aussi meubles. Toutes les propriétés sont transmissibles. On devient propriétaire par hérédité ou par acquisition. On hérite à titre d'héritier naturel, comme parent ou par suite de donation. La propriété est perpétuelle ou temporaire. La propriété perpétuelle donne le droit de disposer du revenu et du fond de la propriété et de les transmettre à sa mort à ses héritiers naturels ou par testament. La propriété temporaire résulte d'un usufruit ou d'un bail. L'usufruit consiste dans la jouissance pendant sa vie, du revenu de la propriété ; mais

sans

sans pouvoir disposer du fond. Le bail donne droit de jouir de la chose louée pendant un temps limité, sans la détériorer et sans changer sa destination.

La seconde partie de l'économie rurale, qui traite spécialement de l'exploitation du sol, est, suivant moi, l'art d'appliquer à l'exploitation d'un domaine les connaissances agricoles que l'on a acquises, les capitaux que l'on possède et les ressources dont on peut disposer, de manière à en tirer le plus haut produit net possible, tout en augmentant sa fertilité. On ne sait pas généralement faire la différence entre le produit brut et le produit net. On entend par produit brut la valeur totale de tous les produits de l'exploitation. On appelle produit net le bénéfice qui reste au cultivateur après le prélèvement de ses frais de production. Les frais de production se composent : du loyer de la terre, de l'intérêt du capital, des frais de culture, de semence, d'engrais, de récolte, etc.

Ainsi, supposons que la valeur totale des produits d'une ferme soit de dix mille francs; si le montant des frais de production de toutes sortes a été de six mille francs, le produit net sera de quatre mille francs. L'augmentation du produit brut ne donne pas toujours lieu à celle du produit net. Voici un exemple de ce fait économique :

Supposons qu'un champ produise vingt-cinq hectolitres de froment à l'hectare, lequel froment revient à quatorze francs l'hectolitre; on le vend dix-huit francs ; on a un produit net de quatre francs par hectolitre, ou cent francs par hectare. On améliore ce champ, en le drainant, en le défonçant, en le chaulant, en augmentant sa fumure, et on lui fait produire trente hectolitres à l'hectare; mais, par suite de l'intérêt de la dépense faite pour les améliorations et par suite de l'augmentation de fumure , le prix de revient de l'hectolitre est de vingt francs ; on le vend le même prix ; on perd donc deux francs par hectolitre , ou soixante francs par hectare. De là je conclus que le meilleur moyen d'augmenter le produit net c'est l'abaissement du prix de revient. C'est donc de ce côté que doivent se porter les efforts des cultivateurs.

Toutes les questions qui nous restent à examiner dans cette seconde partie , étant du ressort de l'économie rurale , je ne m'étendrai pas plus longuement sur les notions générales que j'ai traitées avec plus de développement dans mes leçons d'agriculture. Je crois , du reste, vous en avoir assez dit pour vous faire connaître le but et l'importance de cette branche de la science agricole, dont l'étude est trop négligée. Je sais bien que tous les cultivateurs font de l'économie rurale sans le savoir , comme celui qui chante sans être musicien fait de la musique sans le savoir ; mais n'agira-t-on pas avec bien plus de méthode et de précision , et par conséquent avec plus de profit , quand on connaîtra bien les bases sur lesquelles reposent les nombreuses combinaisons que nécessite la spéculation agricole ? Ainsi , il ne suffit pas seulement de savoir produire telle ou telle plante, tel animal, il faut savoir distinguer le genre de produit qui convient le mieux à son sol et à la position dans laquelle on se trouve.

CHAPITRE II.

De L'Hygiène.

> Conserve avec soin ta santé , car c'est le plus grand des biens temporels.

Le mot qui se trouve en tête de ce chapitre vous semblera , mes chers amis , bien étrange , bien savant ; j'aurais bien pu le remplacer par des expressions plus à votre portée; mais comme il est souvent employé dans certains petits ouvrages qui vous sont destinés , lesquels ouvrages sont écrits par des hommes qui , vous supposant plus instruits que vous ne l'êtes ordinairement , ne croient pas nécessaire d'expliquer les termes scientifiques dont ils se servent; j'ai cru devoir l'employer aussi, afin d'avoir l'occasion de vous l'expliquer. Vous saurez donc que l'hygiène est l'art de conserver la santé.

Ce chapitre est destiné à vous indiquer les moyens de conserver votre santé , qui est le plus grand des biens temporels et sans laquelle on ne peut jouir complètement d'aucun des autres biens.

Les deux grands moyens de vous maintenir en bonne santé sont : 1° la propreté de vos habitations , de vos vêtements et de vos corps ; 2° l'usage d'aliments sains , et la sobriété dans le boire et dans le manger.

Malheureusement , dans notre bon pays de Bretagne , tout le monde ne pratique pas la propreté, tant s'en faut ; un très-grand nombre de fermes bretonnes laissent beaucoup à désirer , tant sous le rapport de la propreté extérieure que sous celui de la propreté intérieure. A l'extérieur , les fumiers sont placés tout près de la porte de la maison. Les pourtours de la cour et des bâtiments sont salis par des dépôts d'excréments d'hommes et d'animaux , par l'écoulement des purins , qui coulent de toutes les étables et de tous les tas de fumier sur la voie publique , et vont former des mares dans tous les chemins qui avoisinent la ferme. Tous ces amas de matières animales, de boues et autres immondices , toutes ces mares de purin, qui sont autant d'engrais précieux perdus pour la culture, sont des foyers d'infection qui laissent exhaler des vapeurs malsaines, qui, poussées par le vent dans toutes les parties de la maison et jusque dans les lits, infectent l'air et le rendent nuisible et impropre à la respiration, non-seulement le jour, mais surtout la nuit.

Pour remédier à ces graves inconvénients, il faut éloigner les tas de fumier, le plus possible, de la maison d'habitation; ne laisser déposer autour des bâtiments aucunes immondices, aucuns excréments. Il faut enfin recueillir les purins dans des fosses et combler toutes les mares qui se trouvent dans le voisinage de la ferme. Dans l'intérêt de l'agriculture, dans l'intérêt de la salubrité publique, l'établissement des latrines et des fosses à purin devrait être obligatoire pour tout le monde. S'il y avait des latrines dans toutes nos fermes, les règles de la décence y seraient mieux observées qu'elles ne le sont maintenant. Ce sont les propriétaires qui doivent établir les fosses à purin et les latrines. Ils devraient même, dans l'intérêt public, forcer leurs fermiers à s'en servir.

La propreté intérieure des maisons n'est guère mieux pratiquée que la propreté extérieure. Il est vrai que la plupart de nos maisons de fermes sont construites de manière qu'il est souvent très-difficile de les rendre salubres. — Leurs ouvertures basses, étroites et mal placées, ne permettent ni à l'air, ni à la lumière d'y pénétrer en quantité suffisante. Cependant l'air vicié par la respiration des hommes, par les vapeurs infectes des étables, qui communiquent presque toutes avec la maison; par la fumée, par les émanations malsaines venues du dehors, doit être renouvelé, le plus fréquemment possible, par des courants d'air pur. Il faut aussi que la lumière, qui a une si grande influence sur la santé, puisse pénétrer dans toutes les parties de l'habitation.

Les murailles, à l'intérieur, sont noires et enfumées, n'étant souvent ni récrépies, ni réjointoyées ; elles sont toujours couvertes de poussière et de toiles d'araignées. Il en est de même des plafonds, quand il y a des greniers, ce qui n'a pas lieu partout en Bretagne, où l'on voit bien des maisons qui n'ont pas de plancher pour les séparer de la toiture en chaume. Au bas de la maison, là où se font les lavages, il existe souvent des cloaques de boue très-malpropres. Les lits clos sont faits et placés de manière que l'air et la lumière ne peuvent y pénétrer. On ne les nettoie que très-rarement. Toutes ces malpropretés engendrent des maladies. Elles rendent la tâche des médecins fort difficile et quelquefois leurs soins complètement inutiles dans les maladies produites par d'autres causes.

Ce sont les propriétaires qui doivent remédier au défaut de lumière et d'aération. Ce sont eux qui doivent agrandir les ouvertures, en percer de nouvelles, faire en sorte qu'elles laissent circuler l'air quand elles sont ouvertes, et que leurs clôtures garantissent du froid, quand elles sont fermées. Ce sont aussi les propriétaires qui doivent faire crépir, ou au moins réjointoyer les murs intérieurs qui devraient être tous blanchis au lait de chaux au moins tous les trois ans.

La construction des latrines et des fosses à purin est encore à la charge des propriétaires. Je sais qu'il y a des fermiers qui se refusent obstinément à ce que les propriétaires fassent ces améliorations. Dans ce cas les fermiers sont les ennemis de leur santé et de leur bien-être ; alors les propriétaires ne doivent pas tenir compte de leurs observations. Il serait aussi très-bon que le sol de la maison soit plus élevé que celui des cours qui l'entourent.

Les autres moyens de propreté dépendent du fermier pour ce qui concerne l'extérieur, et de la fermière pour ce qui concerne l'intérieur. Elle doit épousseter les murs et les plafonds le plus souvent possible. Elle doit balayer, non-seulement l'espace libre des appartements (ce que certaines ménagères appellent faire le sentier au chat), mais encore balayer sous tous les meubles, au moins deux fois par semaine. Quand elle charge ses servantes de ce soin, elle doit veiller à ce qu'elles s'en acquittent convenablement. C'est encore la fermière qui doit faire en sorte que les lits soient placés de manière à ce qu'ils soient aérés convenablement, à ce qu'on puisse les nettoyer et à ce que les règles de la décence soient observées. Il serait nécessaire qu'il y ait dans chaque ferme, un lit bas et ouvert, pour les malades, qu'il est à peu près impossible de soigner convenablement dans les lits clos.

La propreté du corps et celle des vêtements sont aussi indispensables que celle des maisons. La propreté du corps préserve de bien des maladies. La malpropreté de la personne et des vêtements engendre des maladies, des infirmités et des misères de toutes sortes. Il faut être propre dans sa personne et dans ses vêtements. La propreté est une demi-vertu. La saleté de la maison, le désordre et la malpropreté des vêtements de la famille indiquent toujours une ménagère incapable et sans ordre. Celui qui tient à la propreté du corps doit se baigner souvent en été ; en hiver, se laver les pieds de temps en temps et la figure au moins tous les matins ; il doit se nettoyer les mains aussi tous les matins, et avant tous les repas. Quand on se baigne, il faut avoir soin de ne pas se jeter à l'eau quand on sue, et de ne s'y mettre qu'environ trois heures après avoir mangé. Il faut changer de linge au moins toutes les semaines, et ne jamais garder sur soi des vêtements mouillés par la sueur ou par la pluie.

Comme nous l'avons dit en commençant ce chapitre, la sobriété est aussi un puissant moyen de conserver la santé. Tout excès dans le boire comme dans le manger est nuisible. L'estomac est un organe que l'on ne peut trop ménager. Les aliments doivent être sains, suffisamment cuits et proprement préparés. Il ne faut jamais boire de cidre ou de vin que quand ils ont subi une fermentation convenable. L'abus du cidre doux est la cause de bien des maladies dans notre pays. Il ne faut boire de boissons qu'à ses repas ou quand on travaille de force. Il ne faut jamais faire un usage habituel de l'eau-de-vie ou des liqueurs fortes ; elles sont toutes plus ou moins contraires à la santé. Quand on a chaud, il ne faut pas boire d'eau froide sans y mêler un peu de cidre, de bière ou de vinaigre.

Plus les travaux sont rudes, plus les aliments doivent être nourrissants. Dans beaucoup de fermes bretonnes on ne consomme pas assez de viande. On abuse des bouillies et des laitages, nourritures trop peu substantielles pour les moments de grands travaux. Si les chefs de fermes et leurs ménagères veulent obtenir de leurs domestiques et journaliers un bon travail, ils doivent leur donner une nourriture saine, nutritive et suffisamment abondante, ce qui ne veut pas dire qu'il faut tout laisser à leur discrétion, comme cela a lieu dans quelques fermes bretonnes, surtout en ce qui concerne le cidre dans les bonnes années. Il faut savoir tenir un juste milieu entre la parcimonie et le gaspillage.

Aux moyens de conserver la santé, que nous avons indiqués, il faut joindre les précautions suivantes : il ne faut jamais, quand on a chaud, se mettre dans un courant d'air, se coucher sur la terre, marcher pieds-nus sur le sol humide.

Les mères doivent veiller à ce que leurs petits enfants ne soient pas bourrés de nourriture. Un enfant qui trouve au sein de sa mère un lait abondant, n'a pas besoin d'une grande quantité d'aliments. On ne doit pas trop couvrir les enfants ; il n'est pas sain de trop serrer les maillots ; on ne doit pas non plus ôter aux petits enfants les mouvements de leurs bras. Lorsque les enfants grandissent, il faut, autant que possible, veiller à ce qu'ils ne mangent pas de fruits non mûrs. Il faut avoir soin de faire en sorte que leur linge au moins soit changé aussi souvent que cela est nécessaire. Les pères ne doivent pas surcharger leurs enfants adolescents de travaux au-dessus de leurs forces; ils doivent surtout ne pas leur permettre de faire ces tours de force, ces prouesses absurdes, qui causent tant d'accidents.

On appelle asphyxie un accident subit, qui suspend, en quelque sorte, la vie, en arrêtant la respiration, les battements du poul, etc. Ces accidents ne peuvent se prolonger sans danger. Voici ce qu'il faut faire, suivant les cas, en attendant l'arrivée du médecin, qu'il faut toujours se hâter d'aller chercher ; s'il y a dans les environs quelque personne expérimentée, comme les Sœurs qui soignent les malades, il est bon de les appeler.

S'il s'agit d'un noyé, il ne faut pas lui mettre la

tête en bas ; il faut le débarrasser de ses vêtements , l'envelopper de linge sec , puis , le coucher sur le côté , dans un lit modérément chaud , la tête un peu élevée, lui dégager la bouche et les narines de la vase qui pourrait y être entrée , lui passer sous le nez des allumettes souffrées allumées ; lui chatouiller les lèvres et l'intérieur des narines avec une plume , lui souffler de l'air dans les poumons avec un tuyau ; frictionner le corps avec des linges chauds , des brosses sèches, le rechauffer avec des fers à repasser ou des briques chaudes , ou , à défaut , avec des couvertures de pots en terre , avec des bouteilles d'eau chaude , etc. , donner un lavement d'eau salée.

S'il s'agit d'un pendu , il faut s'empresser de couper la corde. C'est un préjugé absurde de croire qu'il n'est pas permis de dépendre un homme avant que la justice soit arrivée. Le devoir de tout homme sensé est de s'empresser de voir s'il ne serait pas possible de rappeler ce malheureux à la vie. Les soins à donner aux pendus sont les mêmes que pour les noyés.

Quant à ceux qui sont asphyxiés par la vapeur du charbon , par les gaz qui se dégagent dans les celliers , dans les caves , dans les latrines, dans les puits , il faut donner de l'air en ouvrant toutes les ouvertures de l'appartement , souffler de l'air dans la bouche ou les narines ; puis , frotter le corps avec des brosses , avec des linges trempés de vinaigre ou d'eau froide ; puis, lorsque le malade revient à lui , lui donner quelques cuillerées de vin chaud. Ceux qui sont asphyxiés par la chaleur, doivent être mis au frais , il faut les déshabiller et leur donner un lavement d'eau salée. Ceux qui sont asphyxiés par le froid , il faut les frictionner avec de la neige ou de l'eau très-froide, à laquelle on ajoute ensuite, peu à peu, quelques gouttes d'eau chaude. On les approche du feu par degré, et on leur chatouille les lèvres et le nez avec une plume ; on les frictionne avec une brosse ou un morceau d'étoffe de laine chaud. — Les soins aux asphyxiés doivent être continuels pendant plusieurs heures ; on en a vu ne revenir qu'après dix heures de soins assidus.

Quand il s'agit d'empoisonnement, il faut provoquer les vomissements de suite, soit avec de l'émétique, ou à défaut d'autre chose, en faisant avaler de l'eau tiède.

En cas de morsures de vipères, il faut faire une ligature serrée au-dessus de la plaie, plonger la plaie dans l'eau et l'envelopper d'un linge mouillé. On doit frotter la partie du corps où se trouve la plaie avec de l'huile chaude ou de la graisse ; verser sur la plaie quelques gouttes d'alcali, faire boire de l'eau de sureau et provoquer les sueurs.

On guérit les piqûres d'insectes, abeilles, frélons, etc., avec de l'eau, dans laquelle on met un peu d'alcali, ou avec de l'eau salée; il faut commencer par ôter l'aiguillon.

Les morsures de chien enragé exigent qu'on lave la plaie et qu'on y applique, le plus tôt possible, un fer rouge. — L'eau de chaux est un excellent remède pour les brûlures, quand elle est appliquée immédiatement.

Quand une plaie saigne abondamment, il faut y mettre une compresse ou un tampon et le soutenir par un bandage de toile.

En cas de maladie, il faut commencer par employer, comme premiers moyens, la diète, les boissons adoucissantes, comme le tilleul, l'eau d'orge, de mauve, etc.; si l'on éprouve des maux de tête, on prend des bains de pied à l'eau chaude, dans laquelle on met de la farine de moutarde ou de la cendre. Les bains de pied ne se prennent que trois heures au moins après avoir mangé. Si ces moyens ne réussissent pas, il faut se hâter d'appeler un médecin. —Que de maladies qui auraient été guéries si le médecin avait été appelé à temps et qui sont devenues mortelles parce qu'on l'avait appelé trop tard. Ne recourez jamais aux remèdes de commères, aux guérisseurs, aux charlatans de toutes sortes. Quand vous appelez un médecin, suivez ponctuellement ses ordonnances, ayez bien soin d'administrer les remèdes prescrits et ne permettez aucun changement, faites tout ce que le médecin ordonne et comme il l'ordonne. Il faut que les personnes chargées de soigner les malades aient bien soin de se faire expliquer les ordonnances de manière à les comprendre parfaitement, car cela peut donner lieu aux plus graves inconvénients. Que de gens ont été victimes de remèdes mal administrés. Je pourrais en citer une foule d'exemples ; je me bornerai aux deux suivants :

Un médecin avait ordonné un vomitif ; il dit à la femme du malade : Vous donnerez la moitié de la médecine d'abord ; si cette moitié produit l'effet voulu, vous ne donnerez pas le reste. Si le malade ne vomit pas au bout d'une heure, vous donnerez la seconde moitié. La malheureuse femme, pour pouvoir plus vite vaquer à ses travaux, donna le remède en une seule fois, et le malade mourut.

Dernièrement, un médecin ordonna à une femme de donner un bain à son enfant. Vous ferez, lui dit-il, chauffer de l'eau, puis vous mettrez votre enfant dedans. Cette femme mit son chaudron plein d'eau sur le feu, et mit son enfant dedans ; heureusement qu'il arriva une voisine, plus avisée que la mère, sans cela le pauvre enfant eût été bouilli tout vif.

A la campagne, on regarde le vin, l'eau-de-vie et les liqueurs comme des remèdes à tous les maux ; il faut, au contraire, s'abstenir complètement de l'eau-de-vie et des liqueurs, qui, si elles sont nuisibles en santé, sont des poisons en cas de maladie ; et il ne faut faire usage de vin que quand le médecin l'ordonne. Les femmes de campagne qui soignent les malades, sont toujours disposées à leur donner à manger, dans la crainte qu'ils ne s'affaiblissent trop. C'est encore là une faute grave et qui a été cause de la mort de bien des malades. — On ne doit donner à manger que quand le médecin le permet, et ne donner que les aliments qu'il a indiqués. A quoi bon dépenser de l'argent en visites de médecins, si l'on ne suit pas leurs prescriptions.

Quand on va prendre des remèdes chez les pharmaciens, il faut toujours porter l'ordonnance du médecin pour éviter toute erreur. Tous les remèdes qui sont délivrés par les pharmaciens portent une étiquette indiquant leur nom et souvent la manière de les donner. Tout remède qui porte une étiquette rouge ne doit pas être avalé, il est destiné à être appliqué à l'extérieur du corps. L'autorité a prescrit cette marque aux pharmaciens, afin d'éviter les accidents ; car la plupart des remèdes employés à faire des frictions ou des emplâtres, sont des poisons. C'est surtout pour les gens qui ne savent pas lire qu'on a pris cette précaution : il faut qu'ils sachent ce que cela signifie.

Quand il survient un orage, il vaut mieux rester en plein air, exposé à la pluie, que de se mettre à l'abri sous les arbres, car les arbres ont la propriété de faire tomber le tonnerre. Il ne faut pas non plus courir. En temps d'orage, il ne faut pas établir de courants d'air dans les appartements; il faut aussi s'abstenir de sonner les cloches. Toutes les tours des églises devraient, dans l'intérêt de la sûreté publique, être surmontées d'un paratonnerre.

Souvent il se forme dans les celliers et les caves, contenant des boissons en fermentation, dans les puits, dans les carrières profondes, des vapeurs nuisibles qui, comme nous l'avons dit, peuvent asphyxier. Il y a un moyen fort simple de reconnaître la présence de ces vapeurs : il suffit d'introduire dans ces lieux une chandelle allumée, si la chandelle brûle bien, il n'y a aucun inconvénient à y pénétrer; si elle s'éteint, il faut en renouveler l'air en ouvrant les portes et croisées, pour les celliers et les caves, et en jetant de l'eau de chaux dans les puits et carrières.

Nous terminerons ce chapitre d'hygiène par deux petites anecdotes :

Il existe en Bretagne un assez grand nombre de guérisseurs de campagne des deux sexes qui exploitent la crédulité des paysans. Il y a quelque temps, un de ces savants docteurs fut poursuivi pour exercice illégal de la médecine, pour homicide par imprudence, et enfin comme escroc. Ce charlatan éhonté avait causé la mort d'un malade en lui administrant à contre-temps des remèdes dangereux; il avait exigé de certaines gens des sommes très-fortes, sous prétexte de se procurer des remèdes fort chers et fort difficiles à trouver. Il fut condamné sur tous les points. Eh bien ! il y avait des gens qui allaient le consulter en prison; et, à peine était-il dehors que la foule affluait chez lui !

Un médecin femelle, renommée dans tout le

pays comme guérisseuse de tous les maux et comme rebouteuse, donnait ordinairement ses consultations entre deux vins, c'est-à-dire, à moitié ivre ; elle rebouttait admirablement ceux qui n'étaient ni cassés ni demis. Elle connaissait toutes les maladies, elle les traitait toutes de la même manière, elle n'avait qu'une seule consultation pour toutes, heureusement qu'elle n'y faisait entrer que des remèdes inoffensifs, afin de n'avoir rien à démêler avec la justice. Cette femme a fait fortune en se moquant des sots qui croyaient à son savoir.

Un mot, en terminant, sur l'abus du tabac. Il n'y a pas de pays où l'on abuse plus du tabac que dans le nôtre ; dans certaines parties de la Basse-Bretagne les femmes elles-mêmes contractent la dégoûtante habitude de la pipe. L'abus de la pipe est nuisible à la santé ; de plus, excite à boire, et est, par conséquent, une cause d'ivrognerie. Il faut donc au moins ne pas en permettre l'usage aux enfants, comme cela a malheureusement lieu chez nous.

CHAPITRE III.

Ordre, Economie, bon Emploi du Temps.

> Que chaque personne et chaque chose soit à sa place ; que l'économie soit observée, et le temps bien employé.

Les trois mots placés au titre de ce chapitre désignent trois choses qui sont les bases essentielles de la bonne direction d'une exploitation agricole. Nous allons donc entrer dans quelques détails sur chacun d'eux, afin d'en bien faire comprendre toute la portée.

L'ordre consiste à ce que chacun, dans la ferme, remplisse convenablement sa tâche ; à ce que l'on puisse se rendre compte de tout ce qui se fait ; à ce que le matériel de la ferme soit conservé, et à ce que tous les produits soient utilisés de manière que rien ne soit perdu.

Dans une ferme bien dirigée, le maître et la maîtresse doivent seuls commander ; ils doivent donner leurs ordres avec calme et réflexion, et faire en sorte que ce qui est commandé par l'un ne soit pas contredit par l'autre ; ils doivent donner l'exemple de la vigilance. Ils doivent se partager la surveillance, afin de rendre leur tâche plus facile : la maîtresse de la maison s'occupera du ménage, du jardin, de la basse-cour ; le fermier surveillera les travaux des champs, les magasins, et veillera à la conservation des produits, à la nourriture et aux soins du bétail, à la fabrication des engrais, etc.; enfin, le fermier et la fermière veilleront à ce que chacun des individus employés sous leurs ordres remplisse la tâche qu'il lui est imposée. Ils ne devront permettre aucune désobéissance, s'ils veulent maintenir leur autorité. Il faut que chaque soir le fermier se fasse rendre compte de ce qui a été fait, et qu'il donne ses ordres pour le lendemain. La surveillance du maître doit être active et continuelle : il doit être le premier levé et le dernier couché, avoir l'œil partout et à tout.

Généralement, dans nos fermes bretonnes, on ne tient pas de comptabilité ; on marche au hasard ; aussi combien de mauvaises affaires se font, qui auraient pu être évitées si l'on avait su compter. Il faut que les terres de notre pays soient dans des conditions exceptionnelles de bon marché, et que les besoins des cultivateurs bretons soient réduits au plus strict nécessaire, pour qu'ils puissent payer leur fermage et vivre ; sans cela, que de cultivateurs se ruineraient. Un cultivateur qui ne sait pas se rendre compte de ses affaires est comme un ivrogne marchant sur une route bordée de précipices des deux côtés. Si aucun obstacle ne fait trébucher l'ivrogne, il arrivera au bout ; mais s'il trouve la moindre pierre d'achoppement, il tombera dans le précipice. Si des événements fâcheux ne viennent pas arrêter la marche de notre cultivateur, il se soutiendra ; mais si les pertes arrivent, il n'en connaîtra pas toute l'importance, il ne prendra pas les précautions voulues pour les prévenir, et il arrivera à la ruine presque sans s'en apercevoir. Je ne vous demanderai pas, mes chers cultivateurs, une comptabilité de détail, comme celle que j'ai indiquée aux grands cultivateurs, aux propriétaires faisant valoir par domestiques et journaliers ; je vous demanderai une comptabilité sommaire, consistant à tenir note de vos recettes et de vos dépenses en argent ; à cela vous joindrez, à la fin de chaque année, une estimation de vos denrées, de vos bestiaux et de votre matériel. Cette estimation devrait être faite avant de commencer la comptabilité, afin d'établir votre avoir ; l'estimation de fin d'année, vous ferait connaître si cet avoir a augmenté ou diminué, et par conséquent si vous avez perdu ou gagné. Vous trouverez dans mes Leçons d'agriculture la manière de tenir cette comptabilité qui est fort simple.

Quant au matériel de la ferme, il se compose de tant d'objets divers qu'il est nécessaire que chaque chose ait sa place et s'y trouve, sans cela bien des choses s'égareraient, et l'on passerait un temps considérable à les chercher : beaucoup se détérioreraient et plusieurs se perdraient.

Les charrettes, charrues, herses, rouleaux, brouettes et tous les gros instruments doivent être placés sous les hangars, à l'abri de la pluie et du soleil, et tenus proprement. Les outils et ustensiles doivent être placés dans un appartement spécial, après avoir été bien nettoyés toutes les fois qu'on s'en sert. Il serait bon d'attribuer à chaque individu des outils spéciaux, portant un numéro distinct, et de l'en rendre responsable. Les harnais et équipages des bêtes de trait doivent être suspendus aux murs des écuries, et ne jamais être laissés sur les fumiers. Les charretiers doivent les nettoyer, les graisser, les faire réparer et les maintenir toujours en bon état.

Il n'y a presque pas maintenant de ferme bretonne dans laquelle on ne trouve un jeune homme sachant lire et un peu écrire. Ce jeune homme-là devrait inscrire tous les outils et ustensiles sur un cahier, et vérifier de temps en temps s'il en manque ou s'ils sont en bon état.

Tous les grains, graines, racines et autres produits en magasin, doivent être examinés souvent et recevoir les soins de conservation qui leur sont nécessaires. Les fourrages ne devraient pas être laissés à la discrétion de tout le monde : il faut veiller avec soin à ce qu'ils ne soient ni prodigués ni gaspillés.

Les chapitres suivants complèteront celui-ci.

En agriculture, mes chers amis, l'économie est indispensable, non-seulement en ce qui concerne les dépenses en argent, mais en ce qui concerne l'emploi des denrées. Quand il s'agit de dépenses en argent, vous êtes généralement assez regardants, et en cela vous avez raison ; mais cependant il ne faut pas que cela aille trop loin ; car s'il faut savoir faire les choses avec le moins de frais possible, il y a des dépenses nécessaires, qu'il faut savoir faire à propos. Il y a de bonnes et de mauvaises économies : ainsi que le fermier s'abstienne du cabaret et ne boive de boisson qu'à ses repas, voilà de bonnes économies. Que la fermière s'abstienne du café, qu'elle ne permette pas à ses filles des dépenses de toilette au-dessus de leur condition, voilà de bonnes économies. Que des parents se refusent à donner une éducation convenable à leurs enfants, sous prétexte que cela coûte de l'argent et du temps, voilà de mauvaises économies. Qu'un fermier qui a reconnu la supériorité des charrues et autres instruments perfectionnés, recule devant la dépense nécessaire pour s'en procurer ; qu'un fermier se refuse à acheter les engrais qui lui manquent ; parce que les domestiques et les journaliers coûtent cher, qu'il ne fasse pas sur ses terres les travaux qu'exige leur ameublissement, leur sarclage, etc., voilà de fort mauvaises économies. Qu'un fermier ne garnisse pas sa ferme d'un bétail suffisant ; qu'il se préoccupe plus du bon marché que des qualités dans le choix de ses animaux, voilà des économies ruineuses, qui ne sont que trop fréquentes chez nous.

La question de l'emploi du temps est une conséquence naturelle de l'ordre et de l'économie. Le temps est une richesse dont on ne connaît pas assez le prix, surtout en agriculture. Le cultivateur ne doit jamais remettre au lendemain ce qu'il peut faire dans la journée. Que d'occasions favorables pour faire des semailles dans de bonnes conditions, perdues pour attendre le décours ou le croissant, qui n'ont aucune action sur la végétation ! Que de main-d'œuvre mal employée !

Vous faites, mes chers amis, à grands renforts de bras et avec une grande fatigue pour vous, une foule de travaux que vous pourriez faire avec vos attelages ; si vous saviez adopter la culture en planche et vous servir de la herse, du rouleau et autres instruments perfectionnés, il en résulterait que vos attelages, qui souvent ne gagnent pas leur nourriture, ne resteraient pas à rien faire, et que la main-d'œuvre, que vous employez mal à propos, serait appliquée à une foule de travaux très-utiles, comme défoncements, sarclages, etc., que vous ne faites pas maintenant. Les attelages coûtent fort cher dans une ferme, il faut donc que leur temps soit utilisé du mieux possible. Que de fois ne voit-on pas la charrette ou la charrue arrêtée dans les cours pendant des heures, parce que l'on est à chercher quelques pièces du harnais ou de l'instrument qui ont été égarées ? Que de temps perdu quand les attelages vont à la ville, parce que les stations des charretiers aux divers cabarets de la route et de la ville sont trop répétées et trop longues !

Quant au temps des hommes, il s'en perd aussi beaucoup dans vos fermes, mes chers cultivateurs, par suite d'ordres mal donnés, par de fausses manœuvres, qui sont causes qu'on emploie à faire une chose beaucoup plus de temps qu'il n'en faudrait, par défaut de surveillance, etc. Quand on est prêt de partir pour le travail, celui-ci s'arrête à allumer sa pipe, celui-là ne trouve pas sa marre ou sa bêche ; celui-ci reste à causer avec celle-là, les autres attendent, tout le monde s'arrête, et un quart-d'heure est bientôt perdu. Un quart-d'heure est peu de chose, me direz-vous ; sans doute, c'est peu pour une seule personne ; mais si douze personnes perdent un quart-d'heure, c'est trois heures de perdues. Trois heures perdues par jour font près de deux journées par semaine ; deux journées par semaine, font cent quatre journées par an. — Si l'on joint à cela les journées perdues pour aller, sans nécessité, aux foires et aux marchés, on arrivera bien vite à une perte de cent cinquante à deux cents francs, seulement sur le temps des gens de la ferme.

Mais, me direz-vous, nous avons besoin de repos, mes gens ne sont pas des esclaves ; si je mène trop rudement mes domestiques et mes journaliers, ils me quitteront. Je ne veux pas vous dire qu'il faut exténuer vos travailleurs de fatigue; mais ce que je veux vous dire, c'est que les heures de commencer et de finir les travaux doivent être réglées ; il en est de même du temps des repas.

Quant aux repos, ils doivent être plus ou moins fréquents, suivant la nature des travaux ; mais il faut que tout le monde commence le travail en même temps et se repose en même temps.

CHAPITRE IV.

Prudence, prévoyance, esprit d'observation.

> Un cultivateur prudent et prévoyant, n'est jamais pris au dépourvu.
>
> L'esprit d'observation, éclairé par de saines notions théoriques, est le meilleur moyen d'acquérir promptement l'expérience pratique.

« Mes chers amis, prudence et prévoyance sont » mères de sûreté », dit un vieux proverbe. Ces deux qualités sont de nécessité indispensable pour les cultivateurs qui ne doivent rien laisser au hasard dans la direction de leur exploitation. Combien cependant ne les possèdent pas ? Prudence dans le choix d'une ferme ; prudence dans l'acceptation des conditions du bail ; prudence dans le choix du personnel ; prudence dans la direction ; prudence partout, prudence toujours : voilà ce que je ne cesse de dire aux paysans bretons.

Mais si vous devez être prudents, mes chers amis, votre prudence ne doit pas aller jusqu'à la défiance routinière. Se défier des innovations hasardeuses, ne pas se jeter à corps perdu dans toutes les nouveautés, ne pas accepter, sans examen, tout ce qu'on vous dit et tout ce que vous lisez, c'est de la prudence bien entendue : je dirai même plus, c'est de la sagesse. Repousser, sans examen, tout ce qu'on ne connaît pas ; refuser d'essayer tout ce qui est nouveau ; ne pas chercher à s'éclairer sur la valeur des choses qu'on vous propose ; rejeter ce que des gens sensés ont adopté avec avantage ; ne pas accepter des améliorations dont on reconnaît l'utilité, parce que ses pères ne faisaient pas cela, ou parce qu'on craint les moqueries des voisins, c'est de la routine, c'est, passez-moi le mot, mes bons amis, de la sottise.

Quand on vous propose quelque chose de nouveau, qui est recommandé par les Comices, qui a été essayé par quelque cultivateur capable, allez voir ce qui a été fait, informez-vous de la manière dont on a opéré, puis, essayez chez vous. Assez souvent, quand on essaie une chose, si elle ne réussit pas, on est porté à conclure que la chose ne vaut rien, tandis que c'est l'essai qui a été mal fait. D'un autre côté, il ne faut pas condamner une chose parce qu'elle n'a pas réussi chez vous ; car, ce qui ne convient pas chez vous, peut être excellent ailleurs. Les essais doivent être faits en petit, mais cependant il faut que l'étendue soit suffisante pour qu'on puisse juger le résultat. Il faut enfin ne pas placer l'essai dans des conditions meilleures que celle où se trouvera la culture en grand. Il ne faut pas imiter certain amateur d'agriculture, auquel on avait remis un échantillon d'un blé donnant des produits fabuleux. Il mesura, sur le bout d'une plate-bande de son jardin, un mètre carré; il y sema seize grammes de ce blé. Il récolta un kilogramme, et il en conclut que son blé rapportait plus de cinquante pour un, environ cent vingt-cinq hectolitres à l'hectare. L'année suivante, il fit venir à grands frais un hectolitre, qu'il sema sur un demi-hectare, dans les conditions ordinaires de culture; il récolta dix hectolitres : grande fut sa déception.

La prévoyance est encore une qualité essentielle, qui manque à bien des cultivateurs, auxquels elle éviterait bien des désastres. Le cultivateur prévoyant n'entreprend jamais une affaire sans examen; il ne prend pas une ferme au-dessus de ses moyens; il a soin de mettre en réserve quelques fonds pour parer aux événements imprévus; il s'assure à l'avance du nombre de bras dont il aura besoin pour exécuter ses travaux; il est toujours suffisamment pourvu de fourrages et d'engrais; il sait préparer des travaux pour les mauvais jours et les longues soirées d'hiver. Chez lui, point de chômages ruineux. Il sait choisir les moments favorables pour vendre et acheter; enfin, tout se fait dans sa ferme en temps et saison convenable et juste.

Puisque nous parlons de prévoyance, permettez-moi de vous dire un mot des établissements de prévoyance, c'est-à-dire, des caisses d'épargne, des assurances. Les caisses d'épargne sont destinées à recevoir les petites économies. On y verse depuis un franc jusqu'à trois cents francs en une fois. Si, au lieu de garder chez vous vos économies, qui sont exposées à être dépensées, quelquefois à être volées, et qui, en tous cas, ne vous produisent rien, vous les placiez à la caisse d'épargne, elles vous produiraient un intérêt de trois à quatre pour cent; elles seraient là en sûreté, et vous pourriez les retirer à volonté, en prévenant dix à quinze jours à l'avance.

Vous savez, mes chers amis, combien les incendies causent de ruines chaque année : pourquoi donc n'assurez-vous pas vos bâtiments et votre mobilier? Il y a aussi maintenant des assurances contre la mortalité des bestiaux, c'est-à-dire que, moyennant le paiement d'une faible somme, chaque année, la valeur des animaux que vous perdriez, par maladies ou accidents, vous serait remboursée.

On ne comprend pas comment les cultivateurs qui sont chaque jour témoins de ruines occasionnées par les incendies, si fréquents dans notre pays, qui ont souvent éprouvé la gêne que cause dans une ferme la perte d'un animal de prix, refusent de s'assurer contre l'incendie et contre la mortalité du bétail; ce sont là des économies bien mal entendues, c'est un manque de prévoyance incompréhensible.

L'esprit d'observation est chose rare parmi les cultivateurs ignorants qui agissent machinalement, sans jamais chercher à se rendre raison de ce qu'ils font. C'est cependant le meilleur, je dirai même le seul moyen d'acquérir l'expérience pratique, qui est le fondement de la science du cultivateur. L'esprit d'observation consiste à observer attentivement tout ce qui se fait dans la ferme, à examiner avec attention tous les faits qui ont rapport à la croissance des plantes, à la production et à l'élève du bétail, à l'action de la température sur les plantes et les animaux; quel effet produit telle nourriture sur un animal à l'engrais, comparé à tel autre. Il faut aussi observer quel effet produit dans tel terrain, telle espèce d'amendement ou d'engrais. — L'esprit d'observatien doit aussi porter sur le personnel de la ferme, afin de connaître la capacité de chacun et de l'employer en conséquence.

Enfin, les observations doivent aussi porter sur les débouchés pour la vente des produits, sur les routes et enfin sur tout ce qui peut influer sur la marche de la ferme. Si l'on joint à l'esprit d'observation des notions théoriques suffisantes, le temps nécessaire pour devenir un cultivateur expérimenté sera considérablement diminué. Ce qui fait que la théorie hâte l'expérience, c'est qu'elle raisonne les faits et qu'elle en explique un grand nombre; c'est, en un mot, parce qu'elle est le résumé des expériences faites par ceux qui sont venus avant nous. Le cultivateur qui sait observer, voit chaque jour augmenter son expérience. — La pratique, sans les saines notions théoriques, n'est qu'une routine plus ou moins éclairée. La théorie, sans la pratique, n'est que le commencement de l'instruction. Le cultivateur théoricien sans pratique, est comme l'ouvrier ayant entre les mains un outil dont il ne sait pas se servir.

CHAPITRE V.

Du Capital.

Ce n'est qu'avec de l'argent qu'on peut gagner de l'argent.
L'insuffisance du capital a causé bien des ruines en agriculture.

Ce n'est pas le tout d'être un cultivateur intelligent et expérimenté pour que tout aille bien dans la ferme. Outre la capacité, il faut les moyens d'action, c'est-à-dire, le capital d'exploitation. On donne le nom de capital d'exploitation à la valeur de tous les objets en nature et aux sommes en argent, que l'on destine à faire marcher l'exploitation de la ferme. Pour vous, mes chers cultivateurs bretons, vous ne comprenez pas assez l'importance d'avoir un capital convenable dans vos fermes. Presque toujours le vôtre est insuffisant. Ceux même d'entre vous qui sont riches restent le plus souvent au-dessous du nécessaire. Vous aimez mieux employer votre argent à acheter des terres à des prix follement exagérés, terres qui vous donnent un intérêt de deux pour cent, au lieu de les employer à augmenter votre bétail, à acheter des instruments perfectionnés ; vos capitaux ainsi placés vous produiraient dix à quinze pour cent, et souvent plus.

Le capital d'exploitation se divise en deux parties : le capital engagé et le capital roulant. Le capital engagé est la portion employée à l'achat du matériel et des bêtes de trait. Il faut que le matériel d'une ferme soit composé d'outils et d'instruments bien fabriqués, si l'on veut que les travaux soient bien faits. Avoir de mauvais instruments, à bon marché, serait la plus mauvaise des économies. L'entretien des bêtes de trait est très-coûteux; il ne faut donc en avoir que le nombre nécessaire, et surtout savoir utiliser leur temps. — Dans les fermes où les bêtes de trait sont des poulinières, leur grand nombre a moins d'inconvénients, car elles donnent des produits qui paient leur entretien.

La seconde partie du capital, le capital circulant, sert à l'achat des semences, des engrais commerciaux, au paiement des fermages, de la main-d'œuvre et de toutes les dépenses courantes, ainsi qu'à l'achat du bétail de rente. On entend par bétail de rente, tout bétail autre que celui de trait; c'est surtout cette seconde partie qui est insuffisante chez vous, mes amis. Quand un fermier prend une ferme trop grande pour ses moyens, il est forcé de laisser une partie des terres en pâtures, ce qui produit peu, ou de mal cultiver, s'il cultive tout; car, dans ce cas-là, le bétail est insuffisant, par conséquent on fume peu. On ne peut, par suite du manque de main-d'œuvre, donner aux terres toutes les façons nécessaires. On ne peut avoir que de mauvais instruments; on n'obtient, par conséquent, que de chétives récoltes; cependant il faut payer le fermage. De là toujours grande gêne, et souvent misère et ruine. Sachez donc, mes amis, proportionner l'étendue de vos fermes à vos ressources; ne vous préoccupez pas trop d'avoir du grand, il vaut mieux concentrer vos efforts et vos moyens sur une petite étendue que de les éparpiller sur une trop grande. Rappelez-vous qu'un hectare de terre bien cultivé rapporte autant et souvent plus que deux hectares mal fumés, mal sarclés, et mal labourés, et que les frais de culture coûtent moitié moins pour un hectare que pour deux.

Si vous avez une famille nombreuse, qui vous met dans la nécessité de prendre une grande ferme pour occuper tous vos bras, et que vous n'ayez qu'un petit capital, il faut alors vous faire métayer, c'est-à-dire, prendre une ferme à moitié : le propriétaire fournira une partie du capital ; cette partie sera d'autant plus forte que le propriétaire comprendra mieux ses intérêts ; alors vous pourrez employer aux autres besoins de l'exploitation la somme que vous auriez employée en achat de matériel.

Il est impossible de déterminer, en général, quelle est l'importance du capital, cela dépend du système de culture qu'on suit ; plus le système de culture est perfectionné, plus le capital doit être élevé.

Dans le système de culture que l'on suit sur les côtes et dans les parties les plus avancées du pays, il faudrait que le capital fût d'au moins trois cents francs par hectare.

Pour arriver à connaître l'importance du capital, il faudrait pouvoir faire un devis d'opération ; vous en trouverez un modèle dans mes *Leçons d'agriculture*.

Malheureusement, les cultivateurs n'ont point, comme les commercants, les moyens de se procurer de l'argent par le crédit ; cela tient, en grande partie, à ce que l'on n'a point encore assez de confiance dans leur habileté. Du moment où les cultivateurs seront capables et instruits, on ne refusera pas de leur prêter de l'argent, parce qu'alors ils présenteront les garanties suffisantes. Sur ce point, comme sur les autres, l'amélioration de votre position dépend donc de vous.

Permettez-moi, en finissant ce chapitre, de vous citer deux conseils d'un vieux paysan : « Songez plutôt à améliorer les terres que vous possé-
» dez qu'à en acquérir de nouvelles. Rappelez-
» vous que le cultivateur le plus riche n'est pas
» celui qui cultive le plus, mais celui qui cultive
» le mieux. »

CHAPITRE VI.

Du Bail.

Les intérêts bien entendus du propriétaire et du fermier sont les mêmes.

Mes chers cultivateurs, voici encore un chapitre bien important et qui doit fixer toute votre attention. Ce n'est pas une petite affaire qu'un bail, puisqu'il peut être la cause de votre fortune ou de votre ruine. Il faut d'abord que vous sachiez que les intérêts du propriétaire et ceux du fermier ne sont pas en opposition, comme on le croit généralement. Les intérêts bien entendus des deux parties sont absolument les mêmes ; tous les deux sont intéressés à ce que les terres soient bien cultivées ; le propriétaire, parce que la réussite du fermier est la meilleure garantie de paiement qu'il puisse avoir ; le fermier, parce que la bonne conduite de sa ferme est le meilleur moyen de réaliser des bénéfices. Il y a des propriétaires qui disent : peu m'importe comment mon fermier cultivera, pourvu qu'il me paie ; aussi, pour peu qu'il leur présente de solvabilité par ailleurs, ils ne s'occupent pas de la manière de cultiver. C'est là une erreur, car ce n'est souvent qu'au prix d'une forte diminution de fermage qu'on peut trouver à louer une ferme ruinée par une mauvaise culture. Il est aussi très-important pour vous, mes chers amis, de vous bien renseigner sur le propriétaire de la ferme que vous voulez prendre. Il y a des fermiers qui disent : Je m'inquiète fort peu du caractère de mon propriétaire ; quand je le paierai exactement, il n'aura rien à me demander. Mais si vous avez affaire à un propriétaire peu éclairé, il ne vous fera pas d'améliorations foncières qui vous seraient très-avantageuses. S'il est parcimonieux, il sera très-exigeant pour le paiement du terme, et ne vous permettra pas d'attendre le moment favorable pour la vente de vos produits, ce qui pourra vous être très-préjudiciable. Enfin, s'il est mal disposé envers vous. il vous suscitera une foule de chicanes, des tracasseries fort désagréables. Si vous avez, au contraire, affaire à un bon propriétaire, il vous fera toutes les améliorations raisonnables que vous lui demanderez; il vous attendra au besoin ; enfin vos rapports avec lui seront agréables.

Nous voyons souvent des fermiers assez ennemis de leurs intérêts pour repousser les améliorations foncières, sous le prétexte qu'elles donnent lieu à une augmentation de fermage ; c'est encore là une fâcheuse erreur ; mais si l'augmentation de produits est en rapport avec l'augmentation de fermage, elle est avantageuse pour vous. Ne repoussez donc pas les améliorations.

Le point le plus important, quand il s'agit de prendre une nouvelle ferme, c'est d'en faire l'examen détaillé. Cet examen, vous le faites d'une manière très-incomplète ; vous vous bornez à parcourir les champs très-rapidement : cela ne suffit pas, il faudrait faire une estimation détaillée, pièce par pièce, comme celle que font faire les propriétaires. Il faudrait ensuite que vous prissiez dans le pays des renseignements sur le rendement des terres, sur la vente des produits, sur l'état des routes, sur la facilité de trouver des bras, etc. Il résulte de ces appréciations mal faites, ou que vous manquez une bonne affaire, parce que vous avez estimé la ferme au-dessous de sa valeur, ou que vous payez trop cher. De cette appréciation erronée de la ferme, il résulte aussi souvent que vous prenez une charge au-dessus de vos forces. Les notions théoriques et l'habitude du calcul sont d'un grand secours dans l'estimation détaillée d'un domaine.

La question des conditions du bail mérite aussi toute votre attention. Le plus souvent, quand vous discutez les conditions de votre bail, vous ne vous préoccupez que du prix de fermage, que vous tâchez de réduire le plus possible. En cela vous avez raison ; mais cela ne suffit pas. Vous laissez mettre dans le bail une foule de conditions plus ou moins onéreuses et dont vous ne connaissez pas toute la portée. Certains cultivateurs se disent: il n'y a pas d'inconvénient à mettre toutes ces petites conditions-là, on ne m'en demandera jamais l'exécution, et, si on me la demandait, je saurais bien m'y soustraire. En cela ils ont tort, car le propriétaire est en droit d'exiger l'exécution de toutes les clauses du bail. D'un autre côté, les conditions ont été acceptées de bonne foi par les deux parties, et vouloir les éluder par ruse ou par surprise, ce serait un manque de probité. Une condition très-onéreuse pour un fermier, c'est celle des commissions que l'on paie en entrant en ferme. Avoir une forte somme à payer alors qu'on a besoin de toutes ses ressources, est souvent une charge ; il serait bien plus dans votre intérêt de répartir cette somme sur toute la durée du bail : ainsi, par exemple, s'il s'agit d'une ferme pour laquelle vous payez mille francs de fermage et neuf cents francs de commission pour neuf ans, il vaudrait mieux payer onze cents francs par an sans commission. Enfin, dans votre intérêt, comme dans celui du propriétaire, il faut tâcher d'obtenir des baux de la plus longue durée possible.

Quand vous lisez ou quand on vous lit votre bail, il arrive souvent que vous laissez passer sans explication des termes qu'on est d'usage d'employer dans les actes et dont vous ne comprenez pas bien la signification. Cela peut avoir des inconvénients fort graves. En voici un exemple :

Un fermier de ma connaissance avait accepté la condition de faire les charrois pour les réparations de sa ferme, et même en cas de *réédification*; il n'avait pas compris que ce mot signifiait, dans le cas où la ferme serait rebâtie à neuf. Justement le cas arriva : on rebâtit la majeure partie de la ferme. Quand le propriétaire lui fit connaître l'obligation qu'il avait contractée, il lui dit : Je n'avais pas compris la portée de cette clause; et si vous exigez que je la remplisse, je suis un homme ruiné. — Je sais cela, dit le propriétaire; aussi, je vais donner ma ferme à construire à un entrepreneur, et vous n'aurez pas à vous en occuper ; mais, une autre fois, ne signez pas sans comprendre; car, si j'avais été mineur, ou si je n'avais pas été bon pour vous, vous auriez été obligé d'exécuter cette clause de votre bail.

Il y a dans notre pays deux modes de fermages: le fermage à prix fixe et le métayage, fermage à moitié.

Le fermage à prix fixe convient aux cultivateurs aisés, ayant les ressources suffisantes. Dans le mode de fermage, le fermier a toute sa liberté d'action, ce qui est avantageux pour un homme capable et éclairé. Dans le fermage à prix fixe, le prix se paie soit en argent, soit en denrées, soit partie en argent, partie en denrées. Je préférerais le dernier mode de paiement, qui fait participer les deux parties aux chances des variations du prix des denrées.

Le bail à moitié est une association du capital et du travail. Il associe les deux parties à toutes les chances de la culture, et fait que le fermier n'a qu'une partie du bétail à fournir. Ce mode de fermage convient aux fermiers qui n'ont qu'un capital restreint. Le métayage serait très-favorable au progrès de l'agriculture s'il était pratiqué dans de bonnes conditions. il faudrait pour cela un propriétaire ayant assez de connaissances agricoles pour diriger son fermier dans la bonne voie, et lui faire les avances nécessaires, et un fermier honnête et assez intelligent pour comprendre le progrès. Il faudrait, en un mot, qu'il y eût confiance entière et conformité de vue entre les deux parties. La probité doit être observée par les deux parties; et, dans aucun cas, le fermier ne peut s'attribuer sur les produits une part plus large que celle qui lui est attribuée par son bail; tout ce qu'il prendrait en plus serait un vol.

CHAPITRE VII.

Du Bétail.

A petit bétail petit fumier ;
à petit fumier, petit grenier.

Mes chers cultivateurs bretons, vous comprenez généralement mal le rôle du bétail dans une exploitation agricole. Les cultivateurs du centre et de la partie midi en ont quelquefois trop ; ceux du littoral nord n'en ont presque jamais assez. De là résulte que, ni les uns, ni les autres, vous ne retirez du bétail tout le profit que vous pourriez en tirer. Il arrive souvent que l'insuffisance du bétail est la conséquence d'un capital insuffisant.

Dans une ferme le bétail fournit du travail ou des prduits vendables : de là sa division en bétail de trait et bétail de rente. Le bétail de trait produit le travail ; le bétail de rente produit les élèves destinés à la vente : le beurre, le lait, la laine, la viande. Les deux divisions ont une destination commune : celle de la production de l'engrais; et, suivant moi, ce n'est pas la moins importante. En effet, les plantes cultivées enlèvent au sol une certaine quantité de principes fertilisants, qu'il faut lui restituer en quantité, au moins égale, à celle qu'il a perdue, sous peine de voir sa fertilité diminuer progressivement. Le seul moyen de soutenir la fertilité des terres, c'est l'engrais. Donc, il faut pouvoir produire de l'engrais ou en trouver à acheter ; car il n'y a pas d'agriculture possible sans engrais, parce que les plantes, comme les animaux, ont besoin de nourriture. Le seul moyen de produire de l'engrais : c'est le bétail. Pour entretenir le bétail il faut des fourrages; donc l'excellent cultivateur, Jacques Bujault, avait raison de dire : *Si tu veux du blé, fais des prés.*

Il est rare que dans nos fermes bretonnes il y ait une tête de gros bétail par hectare; cependant c'est la moindre proportion qu'on puisse avoir, quand on est obligé de produire soi-même l'engrais nécessaire aux besoins de la ferme.

Pour évaluer le bétail, sous le rapport de la production de l'engrais, on compte un cheval, un bœuf, une vache comme une tête ; on compte ensuite pour une tête trois ou quatre veaux, suivant leur âge ; trois porcs adultes ; huit moutons, etc. Plus la proportion du bétail est élevée dans une ferme, plus les terres y sont riches. Ce qui fait la supériorité agricole de l'Angleterre sur la France, et de certaines parties de la France sur notre pays, ce n'est pas la qualité du sol, car nous avons d'aussi bonnes terres que celle de ces contrées; ce n'est pas non plus le climat, car notre climat est tout aussi favorable que le leur. Cette supériorité est due à la proportion plus élevée du bétail. L'Angleterre nourrit trois têtes de bétail où nous en nourrissons à peine une.

Les cultivateurs de la partie la plus avancée de la Bretagne ne savent spéculer que sur la production du blé, et dans quelques contrées sur celle du cidre. Il semble que pour eux les produits du bétail sont nuls, et s'ils pouvaient se passer d'engrais et de bêtes de trait, ils n'en auraient pas ; comme si les produits du bétail, beurre, lait, viande, laine, ne se vendaient pas à un haut prix. Cependant ils devraient savoir que, tout près d'eux, il y a des cultivateurs qui ne paient leur fermage qu'avec le produit de leurs bestiaux , et qui ne produisent de blé que pour se nourrir.

Les cultivateurs qui spéculent sur le blé , spéculent mal en ne produisant pas d'engrais ; car pour que le blé puisse donner un produit net suffisant, il faut qu'il soit bien fumé. D'un autre côté, il faut que les bénéfices faits sur le bétail viennent compenser les pertes produites par le manque de récoltes de blé, ou par son prix trop bas. Les cultivateurs de l'intérieur , qui spéculent uniquement sur le bétail, sont loin d'en retirer tout le bénéfice qu'il pourrait produire , car ils le nourrissent et le soignent mal. Il faut qu'ils sachent que la nourriture au pâturage est insuffisante dans notre pays , et que la nourriture au foin est tellement coûteuse qu'elle est presque toujours insuffisante. Ce qui rend la nourriture au foin et au pâturage coûteuse, c'est la grande étendue de terre nécessaire pour nourrir une tête de bétail par ces modes d'alimentation. Je sais que ce système d'entretien du bétail a moins d'inconvénients dans certaines parties de la Bretagne , où le fermage des terres est encore peu élevé ; mais il faut bien que vous sachiez , mes cher amis , que le fermage augmentera prochainement. Il ne faut pas attendre que ce moment soit venu pour adopter un meilleur système. L'expérience a prouvé qu'il y a perte en Bretagne à nourrir le bétail au pâturage toutes les fois que l'hectare de terre se loue plus de trente francs , d'où je conclus qu'il est important d'introduire partout la culture des prairies artificielles et des racines fourragères pour pouvoir nourrir le bétail à bon marché.

Il ne suffit pas d'avoir un bétail nombreux , il faut , si l'on veut qu'il produise beaucoup d'engrais et qu'il donne des bénéfices , qu'il soit abondamment nourri, sainement logé et bien soigné, sous le rapport de la propreté et de la santé.

Si le bétail, et particulièrement les bêtes à cornes vous donnent ordinairement peu de bénéfices, c'est que vous ne savez ni les nourrir, ni les soigner convenablement. Dans la ration que vous donnez à vos animaux, il y a deux parts : celle qui est nécessaire pour entretenir la vie de l'animal, et celle qui donne des produits, c'est-à-dire la croissance des jeunes animaux, le travail, le lait, la chair, la laine, etc. Si vous ne donnez à vos bêtes que ce qu'il leur faut pour vivre, elles ne mourront pas de faim, mais elles ne produiront rien. C'est ce qui arrive pour les bêtes bovines dans la plupart des fermes bretonnes, où elles n'ont pour nourriture, en hiver, que les pâturages maigres de notre Bretagne, et un peu de paille à l'étable ; et, en été, un pâturage un peu meilleur et les mauvaises herbes provenant du sarclage des blés. Avec ce régime alimentaire, les vaches bretonnes, les meilleures, donnent dans nos fermes, en moyenne, cinq à six litres de lait par jour, tandis que, quand elles sont bien nourries, elles en donnent dix à douze.

Mes chers amis, nourrissez convenablement si vous voulez obtenir un bon produit. Nourrissez beaucoup à l'étable, si vous voulez produire beaucoup de fumier. Croyez que la nourriture que vous donnerez à vos vaches vous sera payée avec usure. Si je n'insiste pas sur la nourriture des chevaux, c'est que généralement ils sont assez bien nourris en Bretagne, excepté en ce qui concerne le grain, dont on ne donne pas toujours assez. La quantité de nourriture nécessaire à un animal varie suivant sa taille, suivant le travail qu'on lui demande, et aussi suivant la valeur nutritive des aliments. On prend pour base de la valeur nutritive celle du bon foin de première qualité. Une vache de taille moyenne, dans notre pays, doit recevoir une quantité de nourriture égale à douze kilogrammes de foin. Le cheval a besoin, pour s'entretenir en bon état, de dix kilogrammes de foin, cinq kilogrammes de paille, et quatre kilogrammes d'avoine. Quand on lui demande plus de travail, on augmente la ration d'avoine, et on y joint du son. Voici quelle est la valeur nutritive des autres fourrages comparés à celle du foin : il faut, pour remplacer un kilogramme de bon foin, un demi-kilogramme de grain, trois kilogrammes de racines fourragères, trois kilogrammes d'ajoncs, quatre kilogrammes de fourrages verts, six kilogrammes de choux, etc. ; il est bon de varier les aliments. Les racines ne doivent pas être données cuites aux vaches laitières, mais leur valeur nutritive est doublée par la cuisson, quand il s'agit d'animaux à l'engrais. C'est au cultivateur à choisir la nourriture qui lui permettra d'obtenir le résultat qu'il se propose au plus bas prix possible.

En Bretagne, les logements des animaux sont généralement dans les plus mauvaises conditions possibles. Ils manquent d'air et de lumière. Les murs et les couvertures sont couverts de poussière et de toiles d'araignées ; ce sont des cloaques d'infection dans lesquels les animaux sont comme dans une étuve ; aussi, quand ils en sortent, ils sont presque toujours en sueur. Quand ils vont alors au pâturage, par un temps humide ou froid, quand ils paissent des plantes couvertes de rosée et quelquefois de gelée, ils subissent l'influence mauvaise du brusque changement de température, et contractent des maladies qui deviennent souvent mortelles. Pendant tout le temps qu'ils passent à l'étable, il ne respirent qu'un air vicié par leur respiration et par les vapeurs des fumiers, ce qui agit d'une manière très-fâcheuse sur leur santé.

Sachez donc, mes chers amis, que la respiration des animaux, comme celle des hommes, quand ils sont renfermés dans un appartement clos, rend l'air mal sain et fait qu'il ne peut être respiré de nouveau sans nuire à la santé. Il faut par conséquent qu'il soit renouvelé par des courants d'air. Ne craignez donc pas de tenir quelques-unes des croisées de vos étables ouvertes, même pendant le froid. Les courants d'air ne nuiront jamais à vos animaux, pourvu qu'ils soient établis au peu au-dessus d'eux

Quant aux soins de propreté, ils consistent dans l'usage fréquent de l'étrille et du bouchon, non-seulement pour les chevaux, mais pour les bêtes à cornes, qui ont tout autant besoin de propreté que les chevaux. La propreté exige qu'on lave le pis des vaches avant de les traire. C'est une grande sottise de croire que les bêtes à l'engrais s'engraissent plus vite quand elles croupissent dans la fange et sont couvertes d'excréments. Les porcs eux-mêmes ont besoin d'être bouchonnés de temps en temps. Il faut que la litière de tous les animaux soit assez fréquemment renouvelée pour qu'ils soient sèchement couchés. Les murs et les planchers, quand il y en a, doivent être tenus proprement; il faut les épousseter et les araigner souvent. Il serait nécessaire que les murs fussent blanchis à la chaux et rejointoyés.

Voici maintenant quelques-unes des précautions à prendre sous le rapport de la santé : quand on passe de la nourriture sèche à la nourriture verte, il faut le faire progressivement; on commence par mélanger une partie de fourrage vert au fourrage sec ; puis, on augmente peu à peu le vert, en diminuant le sec. Lors des gelées de printemps, il faut attendre que le soleil ait fondu la gelée avant de faire sortir les animaux. Il faut éviter les brusques refroidissements ; il ne faut ni baigner, ni faire boire les animaux quand ils ont chaud ; il est important de les bouchonner fortement quand ils rentrent à l'étable mouillés par la sueur ou par la pluie. Quand vos animaux sont malades, appelez un vétérinaire instruit ; n'ayez jamais recours aux guérisseurs : tous ces hommes sont des charlatans incapables, qui profitent de votre peu d'instruction pour vous tromper, et qui finissent ordinairement par coûter beaucoup plus cher que les gens habiles et honnêtes.

Si quelques-uns de vos animaux viennent à enfler par suite d'indigestion causée par les fourrages verts, il faut les promener, puis leur frictionner le flanc gauche, et leur faire avaler un demi-litre d'eau froide, dans laquelle on aura mis une cuillerée d'alcali. Si l'animal ne désenfle pas, on donne une seconde dose environ une demi-heure après. A défaut d'alcali, on délaie une grande cuillerée de chaux éteinte dans la même quantité d'eau. Enfin, si ces médicaments ne réussissent pas, il faut percer le flanc gauche avec un instrument bien pointu. — L'alcali se trouve chez les pharmaciens ; il ne coûte pas cher ; il devrait toujours s'en trouver dans une ferme bien tenue.

Pour améliorer le bétail, on emploie trois moyens : l'importation d'animaux étrangers, pour remplacer les races du pays ; le croisement ; l'amélioration des races par elles-mêmes. Le premier moyen est très-coûteux et expose à des chances de non-réussite. On ne l'emploie ordinairement que pour se procurer des reproducteurs destinés au croisement. Le croisement consiste à allier à la race du pays des reproducteurs étrangers. Ce mode d'amélioration demande des précautions qui n'ont pas été généralement prises dans notre pays. Que de croisements faits, sans but, sans suite et sans intelligence, ont produit de fâcheux résultats ? Il faut ne pas croiser des animaux trop disproportionnés pour la taille et pour les formes, sous peine de n'obtenir que des produits mauvais et souvent incapables de se reproduire. Il faut s'assurer que les reproducteurs dont on se sert peuvent transmettre à la race qu'on veut améliorer les qualités qu'on tient à lui faire acquérir. Il ne faut pas, quand on le peut, employer à la reproduction les mâles provenant des croisements. Il y a des aptitudes qui ne se transmettent pas, ou qui ne s'améliorent que très-faiblement par le croisement.

La méthode la plus simple d'améliorer une race de bétail, c'est de l'améliorer par elle-même ; cette méthode est lente, mais quand elle est bien appliquée, elle est sûre. Pour améliorer une race par elle-même, il faut allier entre eux les animaux qui possèdent au plus haut degré les qualités qu'on veut conserver, et qui ont le moins possible des défauts qu'on veut corriger. Il faut que les animaux choisis pour reproducteurs ne soient pas trop jeunes ; il faut aussi éviter les accouplements entre les animaux issus du même sang : c'est ce qu'on appelle la consanguinité.

Quel que soit le mode d'amélioration qu'on adopte, il ne réussira qu'autant que les animaux seront bien nourris, bien logés et bien soignés.

Le cultivateur doit savoir choisir l'espèce de bétail qui convient le mieux à son exploitation, et dans chaque espèce, les races qui remplissent le mieux le but qu'il se propose. C'est d'après cela qu'il devra adopter tel mode d'amélioration plutôt que tel autre. Ainsi, celui qui voudra produire des chevaux, devra produire la race qui se vend le mieux dans le pays. Celui qui voudra produire des bêtes à cornes pour la boucherie, devra améliorer par croisement avec la race Durham. Celui qui voudra produire des vaches laitières, devra recourir à l'amélioration de la race par elle-même, parce que l'aptitude laitière ne se transmet que faiblement par le croisement.

Gardez-vous surtout, mes amis, de chercher à produire des animaux à plusieurs fins ; car il est rare qu'ils possèdent quelques-unes des qualités qu'on a voulu leur donner à un degré suffisant.

Les cultivateurs qui voudront produire des porcs avec quelque chances de bénifices, devront remplacer les races du pays par les races anglaises.

Les animaux qu'il importe le plus de multiplier dans notre pays, tant sous le rapport de l'alimentation que sous celui de la production de l'engrais, ce sont les bêtes à cornes, les porcs et les moutons.

Le mouton, producteur d'engrais par excellence, n'est pas suffisamment apprécié en France, et surtout en Bretagne. Si la race du pays était améliorée par les croisements avec la race Souldown et soumise à un bon régime, elle donnerait de grands bénéfices et augmenterait la production de l'engrais. La partie de la Bretagne où le prix des terres permet le pâturage produirait et élèverait jusqu'à trois ans. Les pays de la côte achèteraient à cet âge et engraisseraient ; l'engraissement se commencerait par le pâturage sur les terres ayant produit des céréales pendant les mois de septembre, octobre et novembre, et se terminerait ensuite à l'étable avec des navets qu'on cultiverait à cet effet.

Pour avoir des moutons, il faut pouvoir disposer de quelques pâturages secs pour y mettre les animaux pendant l'hiver et les jours pluvieux, car l'humidité leur est très-nuisible.

Je ne puis, mes chers amis, vous dire dans ce chapitre, tout ce qui concerne le bétail ; mais je crois vous en avoir dit assez pour vous faire comprendre qu'il est pour vous de la plus haute importance d'en avoir un nombre suffisant, et de l'entretenir convenablement.

Ne craignez pas de produire beaucoup de bon bétail, vous y trouverez profits de toutes sortes. Les débouchés ne vous manqueront pas ; les acheteurs anglais sont près de vous, et bientôt les chemins de fer viendront vous faciliter le transport de tous vos produits sur les autres points de la France, qui ne peuvent produire à aussi bas prix que vous.

Un mot, en terminant, sur la douceur envers les animaux. Si les animaux deviennent méchants, c'est le plus souvent parce qu'on les maltraite, Les animaux sont comme les hommes, on en obtient plutôt ce qu'on veut par la douceur que par les mauvais traitements. La brutalité est un mauvais moyen ; les animaux brutalisés se butent contre leurs oppresseurs, et se vengent quand ils le peuvent : nous en voyons chaque jour des exemples terribles.

Il y a quelque temps, un malheureux enfant des environs de Morlaix, fut horriblement mordu et foulé par un cheval qui avait été maltraité par lui ou par un autre enfant. On eut mille peines à soustraire ce petit garçon à la colère de ce cheval irrité. Soyez donc doux et bons envers vos animaux, et vous réussirez bien mieux à les dompter.

CHAPITRE VIII.

Des Engrais.

Quand le sol est usé, le terrain sans vigueur,
Par de riches engrais ranime leur langueur.

Nous avons vu, mes chers cultivateurs, dans le chapitre précédent, que le bétail est la base de la production de l'engrais. Le fumier de bétail bien fait et bien conservé est, après les matières animales pures, le meilleur de tous les engrais; c'est aussi celui qui coûte le moins cher, quand on sait le faire produire par l'éspèce de bétail la mieux appropriée aux besoins et à la situation de l'exploitation, et avec la nourriture la plus avantageuse.

Je crois, d'après ce que je vous ai dit dans ce chapitre, que vous devez être convaincus de la nécessité de la production abondante des engrais; en conséquence, je vais vous parler de la manière de les conserver : les nécessités de l'assolement ne permettant pas toujours d'employer les fumiers à mesure qu'ils sortent des étables, ce qui serait le meilleur moyen de ne perdre aucune partie de leur richesse; d'un autre côté, les fumiers frais ne convenant pas à la culture de toutes les plantes, on se trouve forcé de les conserver pendant plus ou moins de temps, ce qui expose à perdre une partie de leurs principes fertilisants. Les principes fertilisants des fumiers s'évaporent dans l'air par la chaleur du soleil, ou sont dissouts et entraînés par les eaux des pluies. Il est donc de la plus haute importance de placer les tas à l'abri de ces inconvénients, si l'on veut qu'ils ne diminuent pas de valeur. Est-ce bien ainsi que vous agissez, cultivateurs bretons? vous qui, à mesure que vous retirez les fumiers de vos étables, les jetez dans vos cours, sans aucuns soins. Là, ils sont desséchés par le soleil et lavés par les pluies; le purin, qui contient leurs parties les plus riches, coule de vos cours sur tous les chemins qui entourent vos fermes, et, infectant l'air, devient pour vous une cause de maladies; tandis que, convenablement recueilli dans des fosses, il serait pour vous une source de richesses.

Voici comment vous devez préparer vos fumiers pour qu'ils ne perdent pas de leur valeur :

Choisissez un emplacement suffisamment éloigné de la maison pour que les vapeurs ne pénètrent pas dans les appartements, et suffisamment ombragé. Si le sol est perméable, recouvrez-le d'une bonne couche d'argile bien battue; faites en sorte que cet emplacement ait une légère pente, terminée par une rigole aboutissant à une fosse à purin, dont les bords et le fond seront aussi rendus imperméables. Faites en sorte que les eaux des toits ou des chemins environnants ne lavent pas le pied des fumiers, et ne coulent pas dans la fosse. A mesure que vous retirerez vos fumiers des étables, mettez-les en tas, par couches bien égales, en ayant soin de bien étendre toutes les parties agglomérées, afin que la fermentation soit la même partout. Lorsque la sécheresse arrivera, arrosez vos tas avec le jus de la fosse; par ce moyen, vos fumiers ne se dessécheront pas et ne moisiront pas. Quand les fumiers moisissent, quand ils prennent le blanc, ils perdent considérablement de leur richesse. Quand un tas est terminé, couvrez-le avec de la terre ou de la litière. La hauteur la plus convenable pour les tas, c'est un mètre vingt centimètres, hauteur que vous atteindrez en quatre couches. Si vous pouvez vous procurer, à un prix convenable, du plâtre cuit pulvérisé, saupoudrez avec ce plâtre chaque couche de fumier, de manière que la surface de la couche soit bien blanche. On peut aussi augmenter la richesse des fumiers, en mettant dans la fosse à purin quelques kilogrammes de couperose verte, ou quelques litres d'acide sulfurique; ces drogues ne coûtent pas cher; on les trouve chez presque tous les épiciers des villes et chez les pharmaciens.

Non-seulement, mes amis, vous ne soignez pas bien vos fumiers, mais vous laissez perdre une quantité considérable de matières propres à faire de l'engrais. Ainsi, par suite de préjugés absurdes, beaucoup de cultivateurs ne veulent employer ni les vidanges, ni les animaux morts; mais en agissant ainsi, ils perdent les matières les plus riches en principes fertilisants. Voyez donc ce qui se passe autour des grandes villes. Toutes les nuits, les routes sont parcourues par les charrettes des cultivateurs et des maraîchers, qui viennent non-seulement chercher, mais acheter à un haut prix les vidanges de latrines; et vous, vous ne savez seulement pas recueillir celles du personnel de votre ferme. Sachez donc que chaque personne peut produire plus de la moitié de l'engrais nécessaire pour la culture du blé qu'elle consomme pour sa nourriture. Il me semble que cette considération devrait suffire pour vous engager à établir des latrines, surtout si vous vous rappelez ce que je vous ai dit ailleurs, au sujet de la propreté et de la décence. Ce sont les urines des hommes et des animaux qui sont les plus riches parties des engrais ; il importe donc ne pas les perdre. Maintenant qu'on a trouvé des moyens de désinfecter les vidanges, on peut les employer plus facilement. Ces moyens, tout simples qu'ils sont, sont encore peu employés, tant il est vrai que les bonnes choses ne sont pas facilement adoptées par les routiniers.

On désinfecte les vidanges, en y jetant de l'eau dans laquelle on fait dissoudre de la couperose verte ; ou bien en y jetant du plâtre pulvérisé mêlé de charbon de houille, ou de coltar ; ou des matières charbonneuses réduites en poudre.

Enfin, il faut aussi utiliser les animaux morts. On les coupe par morceaux et on les met dans les fumiers, en ayant soin de les désinfecter avec les matières indiquées ci-dessus. Il faut aussi faire des compôts avec les vases des mares, les terres provenant du curage des douves et les mauvaises herbes ; on les dispose par couches alternatives de terre et d'herbes, de chaux ou de calcaire marin. On peut augmenter la fertilité de ces compôts, en les arrosant avec du purin. Dans les compôts où l'on emploie la chaux vive, il ne faut pas mettre de matières animales ; il faut bien se garder d'employer la chaux pour désinfecter, car elle fait évaporer les principes fertilisants des matières animales : elle ne convient que dans les compôts composés de terre et d'herbes. Toutes les matières animales sont d'excellents engrais ; ainsi, les chairs, peaux, cornes, poils, os, débris de cuirs, d'étoffes de laine, etc., sont employés avec avantage à la fertilisation des terres. Ne laissez donc perdre aucuns débris de plantes ou d'animaux.

Examinons la question des engrais commerciaux. Par le temps qui court, où la fraude et la falsification des denrées se pratiquent sans honte, il est important que vous sachiez ce que vous devez faire pour être le moins possible exposés à être trompés.

On donne le nom d'engrais commerciaux à ceux qui se vendent chez les marchands. Les plus connus, chez nous, sont le noir animal et le guano; il y en a quelques autres annoncés sous des titres plus ou moins pompeux, et propres à tromper la bonne foi des acheteurs. Le noir animal est du charbon d'os mélangé d'un peu de sang de bœuf, ayant servi à décolorer le sucre. Le guano se compose de fiente et de débris d'oiseaux, que l'on trouve sur quelques îles désertes de l'Amérique du Sud ou de l'Afrique. Les noirs d'engrais, noirs animalisés, etc., sont des mélanges de matières animales et végétales, de terres tourbeuses, etc., dont il faut se défier. Pendant longtemps, les cultivateurs ont été impunément volés par la plupart des marchands d'engrais commerciaux. Dans les départements où l'on soumet les engrais à la vérification, la fraude n'est plus aussi facile, et il n'y a guère à être trompés que ceux qui veulent avant tout des engrais à bon marché. Sachez d'abord, mes chers amis, qu'en fait d'engrais, les engrais à bon marché sont toujours les plus chers. Je vais tâcher de vous le faire comprendre. Vous savez que l'azote et le phosphate de chaux sont les bases de la fertilité des engrais; plus ils en contiennent, plus ils sont riches, et par conséquent ils sont moins chers. En effet, le noir animal de première qualité contient soixante-deux à soixante-cinq pour cent de son poids en phosphate; en moyenne, soixante-deux. Il pèse quatre-vingt-dix kilogrammes l'hectolitre; il contient, par conséquent, cinquante-cinq kilogrammes de phosphate par hectolitre; l'hectolite se vend onze francs : dans ce noir, le kilogramme de phosphate revient donc à vingt centimes. Le noir d'engrais, qu'on vend huit francs l'hectolitre, contient trente-six pour cent de phosphate. Le poids de l'hectolitre étant de soixante kilogrammes, il ne contient que vingt-deux kilogrammes de phosphate ; ce qui porte le prix du kilogramme à plus de trente-six centimes. L'hectolitre de noir d'engrais à huit francs, ne produisant guère que le tiers de l'effet produit par celui de onze francs, coûte en réalité cinq francs de plus que le bon noir. Voyez maintenant si vous avez avantage à prendre le bon marché. La même chose a lieu pour le guano.

N'achetez vos engrais commerciaux que chez des marchands bien connus, et assurez-vous que les engrais ont été vérifiés. Méfiez-vous des engrais dits concentrés. Quand on vous proposera un nouvel engrais, faites-en l'essai, ou assurez-vous, auprès de personnes bien connues, des résultats qu'il produit, avant d'en faire l'achat en grand.

Vous ne faites, mes chers amis, aucune différence entre les engrais proprement dits, et les engrais minéraux connus sous le nom d'amendements ; cependant, il y a entre eux une différence très-grande. Bien des cultivateurs, qui n'ont pas su faire cette distinction, ont éprouvé les fâcheux effets de leur ignorance. Les engrais proprement dits fournissent directement la nourriture des plantes ; les amendements, au contraire, ne sont absorbés qu'en très-petite quantité par elles. Leur principale action est de mettre les engrais dans un état de décomposition, qui fait que les plantes en absorbent une plus grande quantité. Par conséquent, si vous ne fumez pas, ou si vous fumez peu, quand vous employez de la chaux ou du sable calcaire, qui sont les seuls amendements employés dans

dans notre pays, vous arriverez promptement à épuiser vos terres. Ainsi donc, c'est bien plutôt augmenter que diminuer la fumure qu'il faut faire, quand vous mettez du sable ou de la chaux dans vos champs. Quand vous employez du sable de mer, prenez toujours celui qui contient le plus de coquilles : c'est le meilleur. Pour peu qu'on s'éloigne de la mer, il y a plus d'avantage à acheter de bon sable pur, contenant quatre-vingt à quatre-vingt-dix pour cent de chaux, que de prendre pour rien ce qu'on appelle la terre de grève, en contenant trente pour cent ; car le sable étant trois fois plus riche que la terre de grève, on économise les deux tiers des charrois. Ce sont les charrois qui élèvent le prix du sable de mer ; il faut donc prendre le moins lourd.

Ne portez point vos fumiers sur les terres longtemps avant de les enterrer ; car, étant exposés à l'air, ils perdent une partie de leur richesse.

La plupart du temps, vos fumures ne sont pas suffisamment abondantes ; aussi vous n'obtenez que de médiocres résultats. Semez moins de terre et fumez mieux, et vous vous en trouverez bien. Vous ne mettez que peu d'engrais sur vos prairies ; vous avez tort : aucun engrais ne rapporte plus que celui appliqué aux prairies.

CHAPITRE IX.

Des Instruments perfectionnés et des Labours.

Les charrues en bois et à soc rond ne conviennent pas aux labours profonds, dont tout le monde admet la nécessité.

En vous parlant, mes bons amis, de la supériorité des charrues à soc plat et à versoir en fonte sur celles du pays, je parle à des convertis ; car ne crois pas qu'il y ait en Bretagne un seul cult vateur, doué d'un bon sens ordinaire, qui ne r connaisse cette supériorité. Cependant, ces cha rues manquent encore dans bien des fermes. Bea coup de cultivateurs n'en ont pas encore acheté; l uns, parce qu'il y a une dépense à faire ; les a tres, parce qu'ils pensent ne pouvoir s'en serv pour cultiver en petits billons; d'autres, enfin, q ne peuvent se décider à ne pas faire comme faisa leur père. Il faut convenir que ce sont là de tris tes motifs, quand il s'agit d'une chose aussi in portante pour la qualité et l'économie de vos la bours.

Parmi ceux d'entre vous qui avez adopté l nouvelles charrues, il y a une foule de gens q préfèrent les charrues à avant-train (à rouelles) aux araires (charrues sans avant-train) ; ceux- ont tort ; c'est une concession qu'ils font à la rou tine ; car, l'expérience a démontré que les araire quand on sait les bien régler et les bien conduir fatiguent beaucoup moins le teneur et demande presque moitié moins de tirage que les charru à avant-train. Sans doute, il y a un petit appren tissage à faire, mais, enseigné par quelqu'un qu connaisse bien le maniement de cette charrue dans moins de deux heures un laboureur ord naire saura la manier convenablement. Voici, su cette charrue, quelques notions importantes.

Pour qu'un araire marche bien, il faut que l soc soit disposé de manière à entrer suffisamme en terre et puisse prendre une colée assez lar ge. Pour s'assurer si le soc est bien disposé, o couche la charrue sur son versoir, puis on appli que sous le sep une règle bien droite, qui s'appui sur le talon et sur la pointe du soc ; si le soc es suffisamment à piquer, il doit y avoir, à la jonction du soc et du sep, un vide d'environ deux centimètres. Pour voir si le soc est assez à prendre, on applique la règle le long du côté extérieur du sep ; la pointe du soc doit sortir de cette ligne d'environ un centimètre et demi (quinze millimètres). La distance de la pointe du coûtre au soc doit être de six à huit centimètres ; la pointe du soc doit être de six centimètres en avant de celle du coûtre.

Quand on veut faire entrer la charrue en terre, on lève les mancherons ; quand on veut la faire sortir, ou quand on veut franchir un obstacle, on pèse sur les mancherons. Il existe au-devant de l'âge (de la latte) une pièce qu'on appelle le régulateur, qui sert à changer l'entrure de la charrue. Quand on veut augmenter l'entrure, on élève le régulateur ; quand on veut la diminuer, on l'abaisse. Quand on veut élargir la collée, on porte la chaîne du tirage à droite ; pour la diminuer on la porte à gauche.

Les rouleaux, les herses, les extirpateurs, les houes à cheval, les buttoirs, sont des instruments encore peu connus parmi vous, mes amis ; vous n'avez point songé à vous les procurer, parce que vous avez eu jusqu'ici la main-d'œuvre à bas prix ; mais il n'en sera plus ainsi. Vous avez donc intérêt à adopter un système de culture qui vous permette de les employer, si vous voulez pouvoir diminuer vos frais de main-d'œuvre ; car, sans cela, vous ne pourrez pas soutenir la concurrence de ceux qui sauront produire à meilleur marché que vous.

L'abaissement des frais de culture est une chose indispensable pour vous. Parmi les instruments nouvellement inventés, il en est un que je vous conseille de vous procurer le plus tôt possible : c'est la charrue fouilleuse. Cette charrue a été inv tée pour le défoncement des terres , dont elle minue considérablement les frais. On peut en av une bonne pour cent francs ; vous pourriez v réunir quatre pour en avoir une. Nous reviendr sur cet instrument en parlant des défoncement

Je n'ai pas besoin de vous parler des machi à battre , vous les appréciez. Quant aux moissc neuses et aux faucheuses , nous n'en sommes encore là.

Vous commencez , mes chers amis , à compre dre l'importance des labours profonds et bien fai Dans plusieurs parties de la Bretagne , on défon mais cette importante opération n'est pas toujo faite convenablement : souvent elle est faite contre-sens et par routine. Dans tous les cas , ramène la couche inférieure à la surface. Qua on défonce une terre profonde et qu'on n'attaq pas le sous-sol , on fait bien d'en agir ainsi. Qua le sous-sol n'est pas de nature à amender le so on fait une faute en le ramenant à la surface. Si par exemple , vous avez un sol argileux , reposa sur de l'argile , et que vous rameniez cette argi à la surface, vous augmentez la ténacité et l'impe méabilité de votre sol, au lieu de les corriger. P la même raison , vous ne devez pas , quand vo opérez sur une terre légère , ramener le sous-s sablonneux au-dessus. Si vous avez une terre com pacte , reposant sur un sous-sol sablonneux, ram nez ce sous-sol à la surface. Si vous avez une ter sans cohésion , reposant sur de l'argile , ramen de l'argile à la surface.

Quand on défonce une lande , il y a avan tage à ramener de l'argile à la surface , afi de donner du corps à la terre de bruyère et d diminuer son acidité. Quand le sous-sol ne doi pas être ramené à la surface, on l'ameublit sur place. C'est dans ce cas qu'on peut employer avec avantage la charrue fouilleuse, qui diminue considérablement les frais. On peut aussi employer cette charrue quand on veut ramener le sous-sol à la surface ; on la fait suivre de bêcheurs. Il en faut moitié moins que quand on défonce avec une seule charrue. Le défoncement est le complément du drainage dont je vous dirai un mot ci-après.

Pour ce qui est de la forme des labours, je crois que les planches, plus ou moins bombées, sont généralement adoptées. Cependant, dans quelques parties des Côtes-du-Nord et sur quelques autres points, il se trouve encore un certain nombre de partisans des petits billons. Je n'entrerai point ici dans le détail de tous les inconvénients de ce mode de culture ; j'en parlerai seulement au point de vue de la main-d'œuvre.

Les partisans des billons disent que ce mode de culture est indispensable pour égoutter les terres ; que la culture en planche ne permet pas les sarclages. A cela je répondrai : est-ce que, dans les parties de la France où l'on cultive en planche, les terres n'ont pas besoin d'être égouttées et sarclées comme chez nous ? Vous dites que la culture en petits billons égoutte les terres : pourquoi donc la faites-vous sur vos terres sèches et même sur les côteaux ? Tous les cultivateurs éclairés reconnaissent, au contraire, que des planches bien bombées, entre lesquelles on tire une bonne rigole d'écoulement, sont mieux égouttées que les terres en petits billons. Quant aux terres qui ont besoin d'être sarclées, si l'on faisait des planches de deux mètres, on les sarclerait tout aussi bien que les petits billons. Puis si, par suite d'un bon assolement, on arrivait à avoir des terres plus nettes, on réunirait deux planches en une. Au reste, si l'on sarclait plus tôt, les sarclages coûteraient moins cher. La culture en planche présente, sur les seuls frais d'ensemencement d'un hectare de céréales, douze francs par hectare; pour les binages et les frais de récolte, au moins huit francs par hectare; c'est-à-dire vingt francs par an sur chaque hectare de céréales.

Quant à vos labours préparatoires, à vos guérets, vous les ameublissez à grand renfort de bras et avec beaucoup de fatigues. On peut dire que vous les arrosez de vos sueurs ; eh bien, vous pouvez vous éviter ces fatigues et diminuer considérablement vos frais de culture en adoptant les herses, les extirpateurs, les rouleaux. Je sais bien que ces instruments coûtent un peu cher ; mais une fois qu'on les a, ils durent très-longtemps, si l'on sait les soigner et les manier comme il faut. C'est encore là une question de main-d'œuvre.

Rappelez-vous, mes amis, le vieux proverbe qui dit : *Le premier économisé est le premier gagné*. Un des grands moyens d'augmenter vos bénéfices, c'est la diminution des frais de culture.

CHAPITRE X.

Des assolements.

La terre aussi repose en changeant
de richesse.

Voici encore, cultivateurs bretons, une question bien importante et pourtant bien mal comprise par plusieurs d'entre vous. Vous savez qu'on appelle assolement la suite des cultures que l'on fait succéder les unes aux autres, pendant un certain nombre d'années, au bout desquelles on recommence la même rotation. Beaucoup de cultivateurs bretons n'ont pas d'assolement; cependant vous suivez généralement l'assolement suivant :

Première année : blé-noir ou jachère (guéret d'été, guéret blanc); deuxième année : seigle ou froment ; troisième année : avoine ; puis, après avoir recommencé deux ou trois fois ces cultures, vous mettez les terres en pâtures, ou sous ajoncs, ou genets, pendant un nombre d'années qui varie entre trois ou six ans. Dans les parties de notre pays, où le progrès commence à se faire sentir, cet assolement s'est modifié sensiblement ; on y a introduit le trèfle, les pommes de terre, les pois; mais, presque partout, on continue à faire succéder l'avoine au froment et à laisser une grande étendue de terre en pâtures.

Nous ne reviendrons pas sur ce que nous vous avons dit des pâtures dans le chapitre du Bétail ; vous savez qu'elles sont loin d'être avantageuses. Quant à la jachère, elle est en quelque sorte forcée, avec le système que l'insuffisance de votre capital vous force à suivre; mais, soyez bien convaincus que la terre n'a pas besoin d'être laissée en repos pour se délasser. La terre se repose en changeant de produits; et si l'on adopte le système de cultures sarclées, on peut se passer de la jachère. L'avoine et le froment sont deux plantes de même famille : toutes deux demandent au sol les mêmes principes nutritifs ; toutes deux sont épuisantes ; toutes deux facilitent le développement des mauvaises herbes, et ne permettent pas les sarclages complets. Voilà, mes amis, pourquoi il n'est pas bon de les faire se succéder les unes aux autres.

Pour que vous compreniez bien les règles des assolements, il faut que vous sachiez les principes suivants : 1° Les plantes épuisent le sol ; 2° Celles qui sont cultivées pour leurs graines, comme le froment, le seigle et les autres céréales, sont celles qui épuisent le plus ; 3° Les plantes coupées en vert épuisent peu le terrain.

Il y en a même, telles que le trèfle et quelques autres prairies artificielles, qui l'améliorent par les débris qu'elles y laissent, débris qui contiennent plus de principes fertilisants que ceux que les plantes ont puisés dans le sol ; 4° Les plantes de même espèce et de même famille ne réussissent pas les unes après les autres ; 5° Il y a des plantes qui ne peuvent revenir sur le même terrain qu'après plusieurs années; le trèfle est de ce nombre, il ne peut être cultivé sur le même sol, plus souvent que tous les quatre ans ; il y a même des terres qui ne peuvent le produire que tous les six ans. Le lin et les pois demandent un intervalle d'au moins six ans avant de pouvoir revenir dans le même champ. Le chanvre, au contraire, peut être cultivé indéfiniment, tous les ans, sur le même terrain, pourvu qu'il soit bien fumé.

Les céréales, blé-noir, orge, froment, avoine, seigle, ainsi que les racines, peuvent revenir tous les deux ans sur le même terrain.

Il m'est impossible, mes chers amis, de vous dire quel assolement on doit suivre, dans telle ou telle exploitation; car le choix d'un assolement dépend de la nature du sol, de la situation de la ferme, des ressources et des capacités du cultivateur et de plusieurs autres causes ; mais je puis vous dire quelles sont les conditions d'un bon assolement.

Un bon assolement doit être combiné de manière que les cultures fourragères y tiennent assez de place pour qu'on puisse toujours entretenir un bétail suffisamment nombreux et bien nourri. Les cultures fumées et sarclées doivent revenir assez souvent sur le sol pour qu'il ne s'épuise pas et pour qu'il soit toujours suffisamment meuble et parfaitement net de mauvaises herbes. Il faut éviter de faire revenir trop souvent sur le même sol les plantes qui ne doivent y paraître qu'après plusieurs années, et ne pas faire succéder, les unes aux autres les plantes qui ne se succèdent pas sans diminution de produits. Ainsi, par exemple, évitez, autant que vous le pourrez, de cultiver l'avoine après le froment ou le seigle; n'introduisez dans votre système de culture le lin, le colza et autres plantes commerciales, que lorsque vous serez très-riches en engrais, car ces plantes sont épuisantes et ne produisent que peu de matières propres à faire de l'engrais.

Les défricheurs de landes doivent se préoccuper, avant tout, de la production de l'engrais. — Les plantes fourragères qui conviennent le mieux aux landes, sont l'ajonc, les choux branchus, les navets, et surtout les prairies naturelles, qu'il faut multiplier autant que possible. Beaucoup de défricheurs n'ont échoué que par le manque de production fourragère; ils ont trop voulu se hâter de produire du blé.

Il est important de changer, de temps en temps, vos semences, car les graines dégénèrent au bout d'un certain temps. Si vous voulez cultiver des plantes pour graines, ne placez jamais les unes auprès des autres les plantes de même espèce. —

Ainsi, si vous voulez produire des graines de carottes fourragères et de carottes potagères, ne placez pas les porte-graines les uns auprès des autres; ne placez pas non plus auprès de vos choux pommés vos choux à vaches. Eloignez le plus possible vos porte-graines de choux de ceux de vos navets ou de vos champs de colza ; car le mélange de la poussière séminale des plantes de même famille produit des mulets végétaux, dont les graines ne sont pas susceptibles de se reproduire ; ce sont là des précautions qu'il est important de prendre.

La question des assolements demanderait bien d'autres développements que je ne puis vous donner ici; je l'ai traitée bien plus au long dans mes *Leçons d'agriculture.*

Si vous voulez que votre ferme prospère, il faut que la moitié des terres soit en cultures fourragères, y compris les ajoncs à couper pour les bestiaux et les prairies naturelles. Nos pâtures, qui suffisent pour empêcher les animaux de mourir de faim, ne peuvent être considérées comme plantes fourragères.

CHAPITRE XI.

Du Drainage.

Je ne puis vous faire ici un cours de drainage ; vous trouverez tous les détails relatifs à cette importante amélioration dans un petit livre que j'ai publié sur cette matière et dans lequel j'ai mis le drainage à la portée de tout le monde. Ce que je me propose, c'est de vous faire comprendre le but et l'importance de cette opération, afin que ceux d'entre vous qui sont propriétaires fassent drainer leurs terres, et que ceux qui sont fermiers comprennent combien il est important pour eux que les propriétaires leur fassent du drainage.

Le drainage a pour but de faire écouler les eaux souterraines qui s'amassent et restent entre le sol et le sous-sol par suite de l'imperméabilité de celui-ci. Ces eaux, par suite d'une propriété du sol, qu'on appelle capillarité, remontent continuellement dans la terre labourée, qu'elles rendent froide et pourrissent les racines des jeunes plantes.

Aussitôt que le drainage est pratiqué, les eaux s'écoulent, la terre s'échauffe, les mauvaises herbes disparaissent et les engrais produisent la moitié plus d'effet. On a vu des terres doubler de valeur par suite de cette opération, qui ne coûte pas cher quand elle est faite avec intelligence. — Le drainage s'opère au moyen de tranchées profondes plus ou moins espacées, dans lesquelles on met des tuyaux, des pierres, des fascines, etc., et que l'on recouvre ensuite de terre.

Les tranchées couvertes ne sont pas une chose nouvelle ; il y a plus de quinze cents ans qu'elles ont été décrites par les écrivains de Rome, qui ont écrit sur l'agriculture. Ce qu'il y a de nouveau dans le drainage, c'est le tracé méthodique des rigoles, leur espacement régulier, leur profondeur et l'emploi de tuyaux pour remplacer les autres matériaux. — Ceux d'entre vous qui voudront drainer, feraient bien de faire tracer leurs rigoles par des hommes habitués. En les faisant sans tracé, on s'expose à ce qu'elles ne fonctionnent pas bien, et leur exécution est toujours plus coûteuse que quand elles sont régulières. Pour que les rigoles puissent égoutter le sol, il faut qu'elles aient au moins soixante-quinze centimètres de profondeur, et que, quelque soit cette profondeur, elles descendent d'eau moins vingt-cinq centimètres dans le sous-sol.

Le drainage est une opération qui doit être faite par les propriétaires. Un fermier ne doit drainer qu'autant qu'il a un bail d'une longueur suffisante pour pouvoir rentrer dans ses dépenses. Il y a beaucoup de propriétaires qui voudraient drainer et qui ne le font pas, parce que leurs fermiers ne veulent pas supporter une partie de la dépense. Les fermiers sont certains de faire une excellente affaire toutes les fois que les propriétaires ne leur demanderont que de faire les charrois de matériaux, et de payer une augmentation de fermage égale à cinq pour cent de la dépense. Dans ces conditions ils ne doivent pas hésiter à en demander. Je connais des fermiers qui, avant de connaître le drainage, refusaient de faire les charrois, et qui maintenant ne demandent pas mieux que de payer en sus l'intérêt de la dépense. — Quand vous vous engagerez à payer une augmentation de fermage pour le drainage, mettez dans vos conditions que vous ne la paierez qu'autant qu'il sera reconnu que le drainage fonctionne bien.

Beaucoup de gens pensent que le drainage n'est nécessaire que pour les prairies. Cette opinion est une erreur. Le drainage produit des effets merveilleux sur les terres labourées, dont il double souvent la fertilité. Beaucoup de personnes ont été à même de remarquer cette année (1859), que des blés semés dans des terres drainées, n'ont pas versé, tandis que, ceux semés dans les autres terres des environs étaient complètement couchés.

Lorsqu'on draine dans les champs plantés de pommiers et dans les jardins, il faut faire en sorte que les drains ne passent pas trop près des racines des arbres ; il faut au moins un mètre de distance. Dans ce cas, je crois que les drains en pierres valent mieux que ceux en tuyaux.

CHAPITRE XII.

Des Irrigations.

Généralement les irrigations sont assez mal entendues chez nous. Vous comprenez bien, mes chers cultivateurs, l'utilité des arrosements ; mais vous les pratiquez mal. Je vais tâcher de vous signaler les moyens d'améliorer cette branche si importante de la culture.

Vous vous servez, pour arroser, de toute espèce d'eaux : vous avez tort ; car les eaux qui sont rouillées, celles qui sont crues, celles qui proviennent de ruisseaux ayant coulé dans les bois, et dans lesquelles une grande quantité de feuilles de chêne et de hêtre se sont décomposées, ne sont pas propres à l'irrigation, à moins qu'elles n'aient été améliorées par leur séjour dans un réservoir dans lequel on aurait mis des engrais. Vos rigoles de conduite d'eau, et surtout vos rigoles de distribution sont presque toujours trop profondes ; il faut que les rigoles de distribution n'aient que juste la profondeur nécessaire, qu'elles soient établies de manière qu'on puisse toujours faire déborder l'eau, de telle sorte qu'on puisse arroser en nappe, et non pas au moyen de saignées, comme vous le faites maintenant. Quand vous nettoyez vos rigoles, il faut les débarrasser des obstacles qui peuvent s'y amonceler, mais ne pas les approfondir. Il ne faut pas, comme cela se fait trop souvent, mettre les terres provenant du curage, du côté où se fait l'irrigation ; il faut les mettre au-dessus et non au-dessous des rigoles. Il faut avoir soin de boucher les trous de taupes qui s'y forment. Vous devez comprendre combien il est désagréable pour un propriétaire qui fait des sacrifices pour établir une bonne irrigation, de voir ses travaux devenir inutiles par la négligence de ses fermiers.

Ce n'est pas le tout de mettre l'eau sur les prairies, il faut que cette eau ne fasse qu'y passer. Autant les bonnes eaux courantes sont utiles, autant les eaux qui restent stagnantes sont nuisibles. Si l'on veut que l'irrigation produise tout son effet, il faut qu'elle soit suspendue de temps en temps. Voici, du reste, les règles que l'on observe dans les pays où l'irrigation est bien entendue :

On n'arrose jamais les nouvelles prairies qu'il n'y ait au moins deux ans qu'elles soient établies. On retire les animaux des prairies au moment où l'on commence l'arrosement, ce qui se fait vers la fin d'octobre. On laisse l'eau sur les prairies pendant douze à quinze jours ; puis on la retire pendant six à huit jours, et on remet l'eau de nouveau. Aussitôt qu'il y a apparence de glace, on retire complètement l'eau, et on ne la remet que lorsque le dégel est complet. Pendant les mois de février et mars, on irrigue pendant cinq ou six jours, et on retire l'eau pendant le même temps ; puis, la durée de l'irrigation diminue progressivement et doit cesser tout-à-fait quand l'herbe couvre entièrement le sol, ce qui a lieu pour notre pays vers la première quinzaine de mai. Quand on ne dispose que de peu d'eau, on la met successivement sur les diverses parties de la prairie. En suivant ces règles, on obtient d'excellents résultats de l'irrigation, qui, comme je vous l'ai dit ailleurs, ne suffit pas pour maintenir la fertilité de la prairie, à moins que les eaux ne proviennent de lavoirs, ou de cours de fermes, où elles se sont chargées de matières fertilisantes.

Conclusions.

Je vous ai donné ces conseils, mes chers cultivateurs bretons, par suite de l'affection que je vous ai vouée depuis longtemps, et par ce que j'ai le plus grand désir de vous voir améliorer votre position au point de vue moral comme au point de vue matériel ; de manière à ce que vous puissiez prendre dans la société la place qui vous appartient, celle de la première des industries. Cette place, il dépend de vous de la conquérir : pour cela, vous n'avez qu'à suivre les Conseils matériels et moraux que j'ai réunis dans ce petit livre.

La sobriété, la probité, la bonne conduite, l'observation des principes de votre religion, qui résument tout ce qu'on peut dire en morale ; une instruction éclairée, c'est-à-dire, appropriée aux besoins de votre profession : voilà les moyens d'attirer la bénédiction de Dieu sur vos travaux, et de mériter l'estime et la confiance des hommes.

FIN.

TABLE.

OUVRAGES DU MÊME AUTEUR

EN VENTE

CHEZ LE MÊME LIBRAIRE.

1° Manuel de comptabilité agricole, ouvrage qui a remporté une médaille d'argent de la société impériale et centrale d'agriculture et qui a été approuvé, par Mr le Ministre de l'instruction publique, pour l'enseignement dans les écoles normales primaires, prix 1f 75c

2° Leçons élémentaires d'agriculture et d'économie rurale, par demandes et réponses, à l'usage des écoles primaires de la campagne ; 2e édit-prix 1f 50c

3° Manuel de drainage, ou le drainage à la portée de tout le monde ; prix 0f 50c

4° Système légal des poids et mesures métriques ; avec des explications nouvelles et des notions sur le métrage des surfaces, à l'usage des cultivateurs et des ouvriers, prix 0f 20c

---

Trois de ces ouvrages ont été publiés, sous les auspices et avec le concours de l'administration. Son excellence Mr le Ministre de l'agriculture a décerné à l'auteur une médaille d'or en 1856.

www.ingramcontent.com/pod-product-compliance
Ingram Content Group UK Ltd.
Pitfield, Milton Keynes, MK11 3LW, UK
UKHW020607180726
13838UKWH00001B/480

9 782329 468433